21世纪高等学校计算机规划教材

21st Century University Planned Textbooks of Computer Science

大学计算机基础实验指导
（**Windows 7+Office 2010**）

Practiec for Fundamental of Computer

刘召斌 尹辉 主编

罗兆虹 侯发忠 丁超 周支元 副主编

高校系列

人民邮电出版社

北 京

图书在版编目（CIP）数据

大学计算机基础实验指导 ：Windows7+Office2010 /
刘召斌，尹辉主编. — 北京 ：人民邮电出版社，2014.9（2017.7 重印）
21世纪高等学校计算机规划教材. 高校系列
ISBN 978-7-115-36161-5

Ⅰ．①大… Ⅱ．①刘… ②尹… Ⅲ．①Windows操作系
统—高等学校—教学参考资料②办公自动化—应用软件—
高等学校—教学参考资料 Ⅳ．①TP316.7②TP317.1

中国版本图书馆CIP数据核字(2014)第134186号

内 容 提 要

本书是根据教育部关于高等学校计算机基础教学相关指导精神，为适应"1+X"课程体系下"大学计算机基础"课程实践教学的新模式而编写的。全书共分为 8 章，包括计算机基础及系统组成实验、计算机网络技术及 Internet 实验、多媒体技术基础实验、Windows 操作实验、word 文字处理软件实验、Excel 2010 电子表格实验、演示文稿软件 PowerPoint 实验、数据库 Access 2010 实验。

本书适用于高等院校"大学计算机基础"课程的实践教学，也可作为湖南省计算机等级考试、全国计算机等级考试一级参考书。

◆ 主　编　刘召斌　尹　辉
　　副主编　罗兆虹　侯发忠　丁　超　周支元
　　责任编辑　王　威
　　执行编辑　范博涛
　　责任印制　焦志炜

◆ 人民邮电出版社出版发行　　北京市丰台区成寿寺路 11 号
　　邮编　100164　　电子邮件　315@ptpress.com.cn
　　网址　http://www.ptpress.com.cn
　　三河市海波印务有限公司印刷

◆ 开本：787×1092　1/16
　　印张：5.75　　　　　　　　2014 年 9 月第 1 版
　　字数：142 千字　　　　　　2017 年 7 月河北第 6 次印刷

定价：18.00 元
读者服务热线：(010)81055256　印装质量热线：(010)81055316
反盗版热线：(010)81055315

前　言　PREFACE

上机实验是学习计算机知识的一个重要环节。本书是丁超、侯发忠主编的《大学计算机基础（Windows 7+Office 2010）》一书的配套实验教材，也能与其他相关计算机基础教材配套使用。为了配合教学，提高学生对教材上所授知识点的理解和实际操作能力，指导学生更好地完成实践环节，提高上机实验的效率，我们授课一线的教师根据自己多年的实践教学经验编写了本实验教程。根据主教材章节安排，全书共分 8 章，每章又由几个具体的实验项目组成。第 1 章由 3 个实验组成，内容主要涉及计算机基础知识、输入法、计算机系统的组成及设置；第 2 章主要是"计算机网络技术及 Internet 应用"方面的实验，主要内容包括网络环境的设置、网络资源共享、IE 浏览器和信息检索的使用、电子邮件的收发、文件传输和文件下载等内容；第 3 章多媒体技术基础实验，主要内容有了解什么是多媒体、了解常见多媒体文件的特点；第 4 章 Windows 操作系统，主要以 Win7 为蓝本配套讲述，提供了 3 个与Win7 操作相关的实验项目，为进一步掌握 Win7 打下基础。从第 5 章至第 8 章，提供了与Office 2010 办公软件配套的多个实验，主要内容包括文字处理软件 Word 2010、电子表格处理软件 Excel 2010、电子演示软件 PowerPoint 2010、数据库软件 Access 2010 等内容。全书由编者结合近几年全国计算机等级考试的考试大纲和湖南省计算机水平考试的考试要求，精心编写而成。

本书由湖南医药学院刘召斌、尹辉任主编，湖南医药学院罗兆虹、侯发忠、丁超、周支元任副主编。另外，本书在编写过程中得到了云南开放大学何俊颖老师等同行的鼎力支持，在此一并表示衷心的感谢。

由于编者水平有限，书中难免有不妥之处，敬请广大读者提出宝贵意见。

编者
2014 年 5 月

目 录 CONTENTS

第 1 章　计算机基础及系统组成实验　　1

实验 1　键盘操作与汉字录入实验　　1
　一、实验目的　　1
　二、实验内容　　1
　三、问题解答　　8
　四、思考题　　8
实验 2　利用计算器进行不同数制的
　　　　转换及运算　　9

　一、实验目的　　9
　二、实验内容　　9
实验 3　计算机系统的组成及设置　　10
　一、实验目的　　10
　二、实验内容　　10
　三、问题解答　　12
　四、思考题　　12

第 2 章　计算机网络技术及 Internet 应用实验　　13

实验 1　Windows 网络环境和共享资源　　13
　一、实验目的　　13
　二、实验环境与设备　　13
　三、实验内容及步骤　　13
实验 2　IE 浏览器和信息检索　　17
　一、实验目的　　17
　二、实验环境与设备　　17
　三、实验内容及步骤　　17

实验 3　电子邮件　　18
　一、实验目的　　18
　二、实验环境与设备　　18
　三、实验内容及步骤　　18
实验 4　文件传输和文件下载　　23
　一、实验目的　　23
　二、实验环境与设备　　23
　三、实验内容及步骤　　23

第 3 章　多媒体技术基础实验　　25

实验　认识多媒体文件　　25
　一、实验目的　　25
　二、实验内容　　25

　三、问题解答　　26
　四、思考题　　27

第 4 章　Windows 操作系统实验　　28

实验 1　Windows 7 基本操作　　28
　一、实验目的　　28
　二、实验内容及步骤　　28
实验 2　Windows 文件管理　　32
　一、实验目的　　32

　二、实验内容及步骤　　32
实验 3　环境设置与系统维护　　35
　一、实验目的　　35
　二、实验内容及步骤　　35

第 5 章　Word 文字处理软件实验　37

实验 1　Word 文档的基本操作　37
　一、实验目的　37
　二、实验样张　37
　三、实验内容　38
实验 2　文档的排版　42
　一、实验目的　42
　二、实验样张　42
　三、实验内容　43
实验 3　图文混合排版　44
　一、实验目的　44
　二、实验样张　44
　三、实验内容　45
实验 4　页面设置及打印　46
　一、实验目的　46
　二、实验内容　46
实验 5　表格制作和生成图表　47
　一、实验目的　47
　二、实验内容　47
实验 6　邮件合并和宏　50
　一、实验目的　50
　二、实验样张　50
　三、实验内容　50

第 6 章　Excel 2010 电子表格实验　53

实验 1　Excel 2010 工作表的建立　53
　一、实验目的　53
　二、实验内容及步骤　53
实验 2　工作表的编辑和格式化　58
　一、实验目的　58
　二、实验样张　58
　三、实验内容及步骤　58
实验 3　Excel 2010 中公式和函数的使用　62
　一、实验目的　62
　二、实验样张　62
　三、实验内容及步骤　62
实验 4　数据管理与分析　66
　一、实验目的　66
　二、实验样张　66
　三、实验内容及步骤　66
实验 5　数据图表化　68
　一、实验目的　68
　二、实验样张　68
　三、实验内容及步骤　68

第 7 章　演示文稿软件 PowerPoint 实验　72

实验 1　演示文稿的设计与制作　72
　一、实验目的　72
　二、实验内容　72
　三、问题解答　75
　四、思考题　76
实验 2　演示文稿的动画与放映设置　77
　一、实验目的　77
　二、实验内容　77
　三、问题解答　78
　四、思考题　78

第 8 章　数据库 Access 2010 实验　79

实验 1　Access 中表和数据库的操作　79
　一、实验目的　79
　二、实验内容　79
　三、问题解答　82
　四、思考题　82
实验 2　Access 中各对象的操作　83
　一、实验目的　83
　二、实验内容　83
　三、问题解答　86
　四、思考题　86

第 1 章
计算机基础及系统
组成实验

实验 1　键盘操作与汉字录入实验

一、实验目的

（1）了解计算机键盘结构及各部分的功能。

（2）熟悉微机键盘指法分区图，掌握正确的操作指法。

（3）掌握中英文输入法的切换。

（4）掌握搜狗拼音或智能 ABC 输入方法。

（5）使用"金山打字通"软件进行指法练习，养成正确的击键姿势，并逐步实现盲打。

二、实验内容

使用搜狗拼音输入法，按照正确的打字姿势和键盘指法，在"记事本"应用程序中录入相应的短文。

1．键盘结构

认识计算机键盘结构（见图 1-1-1）及各部分的功能（见表 1-1-1）。

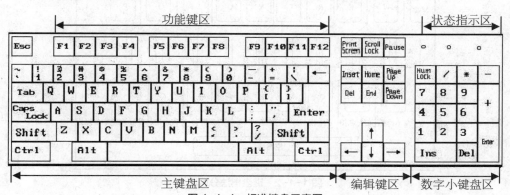

图 1-1-1　标准键盘示意图

表 1-1-1　按键名称及功能

键　名	功　能	键　名	功　能
Esc	退出键	F1~F12	功能键
Tab	制表键	Print Screen	打印屏幕键
Caps Lock	大写锁定键	Insert	插入/改写切换键

键　名	功　能	键　名	功　能
Shift	换挡键	Del	删除键
Ctrl	控制键	Home	原位键
Alt	可选键	End	结尾键
Enter	回车键	PageUP/PageDown	上页/下页键
Backspace	退格删除键	Num Lock	数字锁定键

功能键区：功能键区位于键盘的最上端，由【Esc】、【F1】～【F12】13个键组成。【Esc】键称为返回键或取消键，用于退出应用程序或取消操作命令。【F1】～【F12】12个键被称为功能键，在不同程序中有着不同的作用。

主键盘区：该区域是最常用的键盘区域，由26个字母键、10个数字键以及一些符号和控制键组成。

编辑键区：编辑键区共有13个键，下面4个键为光标方向键，按下这些键，光标相应向4个方向移动。

小键盘区：该区域通常也叫作小键盘，主要用于输入数据等操作。当键盘指示灯区的Number Lock指示灯亮起时，该区域键盘被激活，可以使用；当该灯熄灭时，则该键盘区域数字被关闭。

指示灯区：位于键盘的右上方，由【Caps Lock】、【Scroll Lock】、【Num Lock】3个指示灯组成。

2．键盘操作及指法

指法即手指分工，就是把键盘上的全部字符合理地分配给两手的10个指头，如图1-1-2所示。

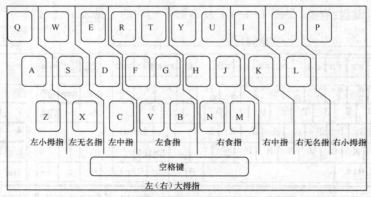

图 1-1-2　键盘指法分区图

3．设置 Windows 输入法及输入法的切换

（1）添加和删除输入法。

① 单击"开始"→"控制面板"→"区域和语言"，打开"区域和语言"对话框，选中"键盘和语言"选项卡，如图1-1-3所示。

② 在如图1-1-3所示的"区域和语言"对话框中，单击"更改键盘"按钮，弹出"文本服务和输入语言"对话框，选择"常规"选项卡，如图1-1-4所示。

③ 单击"添加"按钮，在弹出的"添加输入语言"对话框中，选择需要的语言，选中某输入法，单击"确定"按钮，如图 1-1-5 所示。

④ 在"文本服务和输入语言"对话框中，选中某输入法，单击"删除"按钮，即可删除该输入法。

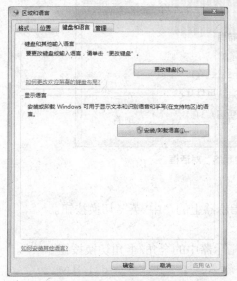

图 1-1-3 "区域和语言"对话框

图 1-1-4 "文本服务和输入语言"对话框

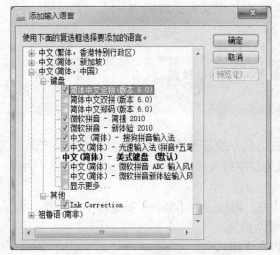

图 1-1-5 "添加输入语言"对话框

图 1-1-6 "文本服务和输入语言"对话框

（2）不同输入法切换。

用鼠标：单击任务栏上的输入法指示器"⌨"，在弹出的输入法菜单中选择一种输入法。

用键盘：使用【Ctrl+Shift】可以在各种输入法之间进行切换，也可通过如下设置改变切换方法。

① 在"文本服务和输入语言"对话框中，选择"高级键设置"选项卡，在"输入语言的热键操作"列表框中，选择"在输入语言之间"选项，然后单击"更改按键顺序"按钮，如图 1-1-6 所示。

② 弹出的"更改按键顺序"对话框如图 1-1-7 所示，选中【Ctrl+Shift】单选按钮，单击"确定"按钮。

③ 使用【Ctrl+Shift】组合键就可以在各种输入法之间进行切换。

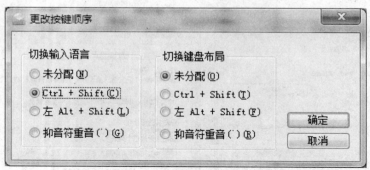

图 1-1-7 "更改按键顺序"对话框

（3）中英文输入法的切换。

按【Ctrl+Space（空格）】键，或单击输入法指示器上的"中\英"切换按钮。

（4）全角/半角切换。

按【Shift+Space（空格）】键，或单击输入法指示器中的全角/半角切换按钮"🌙"。半角方式下输入：123 abcd IBM。全角方式下输入：１２３ａｂｃｄＩＢＭ。

（5）中英文标点切换。

按【Ctrl+ .】键，或单击输入法指示器中的中文/英文标点按钮"°,"。

输入英文标点符号：，. ' # @ ^ & *。

输入中文标点符号：，。 、 ￥ …… 《 》 【 】。

【提示】 将标点符号切换为中文标点符号方式°,，按键：，. \ $ ^ < > 【 】。

4. 搜狗拼音输入法

搜狗拼音输入法是 2006 年 6 月搜狐公司推出的一款基于搜索引擎技术的输入法产品。该输入法偏向于词语输入特性，是现今国内主流的汉字拼音输入法之一。

（1）中英文切换输入及其他常规操作。

① 默认按下【Shift】键切换到英文输入状态，再按一下【Shift】键返回中文状态。

② 用鼠标单击状态栏上面的中字图标也可以切换。

③ 回车输入英文：输入英文，直接敲【回车】键即可。

④ 默认的翻页键是逗号（，）和句号（。），也可用加号（+）和减号（-）。

（2）搜狗拼音输入法的全拼与简拼。

搜狗拼音输入法支持全拼和简拼混用的方式。有效地使用声母的首字母简拼可以提高输入效率，如输入"冬季奥运会"这几个字，输入"dongjiaoyunhui""djayh""djaoyunhui""djaoyh"都是可以的，如图 1-1-8 所示。

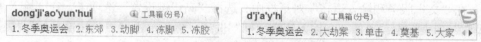

图 1-1-8 全拼与简拼输入

（3）拆分输入法。

① 重叠字的拆分：搜狗可以快速地输入类似于"矗、叒、犇"这样一些字。这些字看似简单但是又很复杂，知道组成这个文字的部分，却不知道这个文字的读音，只能通过笔画输入，可是笔画输入又较为繁琐，而拆分输入法化繁为简，直接输入生僻字组成部分的拼音即可。

如输入"毳"，可输入 3 个"mao"即可得到。

② 拆字辅助码：对于单字输入，可快速定位到需要的字。需要的字在输入条中位置靠后且能被拆成两部分时，可先输入本字拼音，按下【Tab】键不放，再输入组成该字的两部分的首字母。如"娴"输入的顺序为"xian+tab+nx"。

③ 笔画筛选：对于单字输入还可用笔顺快速定位该字。输入一个或多个字后，按下【Tab】键不放，然后用 h（横）、s（竖）、p（撇）、n（捺）、z（折）依次输入第一个字的笔顺，找到该字为止。五个笔顺的规则同上面的笔画输入的规则。要退出笔画筛选模式，只需删掉已经输入的笔画辅助码即可。如"珍"字，输入"zhen"后，按下【Tab】键不放，再输入"珍"的前两笔划"hh"。

（4）U 模式。

① U 模式笔画输入：对于不认识的字，先按下【U】键，再输入该汉字的笔画拼音首字母，即可得到要找的字。具体笔画以及对应的按键如表 1-1-2 所示。如输入"廿"，使用 U 模式的按键是："uhssh"。

表 1-1-2　笔画按键

笔　画	按　键
横/提	h
竖/竖钩	s
撇	p
点/捺	d 或 n
折	z

② U 模式拆字方法：对于不认识的字可以用 U 模式拆字方法，将该字拆分为几个字，按"U+第一个字拼音+第二个字拼音"的顺序输入。如"窈"可输入"uxueyou"。

③ 偏旁读音输入法：将一个汉字拆分成多个组成部分，U 模式下分别输入各部分的读音即可得到对应的汉字。偏旁读音如表 1-1-3 所示。如"怀"可输入"ushubu"。

表 1-1-3　偏旁输入

偏旁	名称	读音	偏旁	名称	读音	偏旁	名称	读音
丶	点	dian	氵	三点水	san	礻	示字旁	shi
丨	竖	shu	忄	竖心旁	shu	攵（夂）	反文旁	fan
一	折	zhe	艹	草字头	cao	牜	牛字旁	niu
冫	两点水	liang	宀	宝盖	bao	疒	病字旁	bing
冖	秃宝盖	tu	彡	三撇	san	衤	衣字旁	yi
讠	言字旁	yan	丬	将字旁	jiang	钅	金字旁	jin

偏旁	名称	读音	偏旁	名称	读音	偏旁	名称	读音
刂	立刀旁	li	扌	提手旁	ti	虍	虎字头	hu
亻	单人旁	dan	犭	犬	quan	（⺍）	四字头	si
阝	单耳旁	dan	饣	食字旁	shi	（覀）	西字头	xi
阝	左耳刀	zuo	纟	绞丝旁	jiao	（言）	言字旁	yan
辶	走之底	zou	彳	彳	chi			

（5）V模式。

V模式是一个转换和计算的功能组合，V模式下的具体功能如下。

① 数字转换：输入"V+整数数字"，如"V2014"，搜狗拼音输入法将把这些数字转换成中文大小写数字。若输入"V+小数数字"，如"V12.34"将得到对应的大小写金额。

② 日期转换：输入"V+日期"，如"V2014.2.10"可得到2014年2月10日（星期一）或二〇一四年二月十日（星期一）。

③ 日期快捷输入：输入"V2013n12y25r"，输出"2013年12月25日"。

④ 特殊符号快捷入口 V1～V9：只需输入 V1～V9 就可以翻页选择想要的特殊字符。V1~V9 代表的特殊符号快捷入口如下。

V1：标点符号。

V2：数字序号。

V3：数学单位。

V4：日文平假名。

V5：日文片假名。

V6：希腊/拉丁文。

V7：俄文字母。

V8：拼音/注音字母。

V9：制表符。

⑤ 算式计算：输入"V+算式"，将得到对应的算式结果以及算式整体候选，如图 1-1-9 所示。

⑥ 函数计算：除了+、－、*、/（加、减、乘、除）运算之外，搜狗拼音输入法还能做一些比较复杂的运算，如图 1-1-10 和 1-1-11 所示。

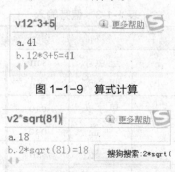

图 1-1-9　算式计算

图 1-1-10　函数计算

函数名	缩写	函数名	缩写
加	+	开平方	sqrt
减	-	乘方	^
乘	*	求平均数	avg
除	/	方差	var
取余	mod	标准差	stdev
正弦	sin	阶乘	!
余弦	cos	取最小数	min
正切	tan	取最大数	max
反正弦	arcsin	以e为底的指数	exp
反余弦	arccos	以10为底的对数	log
反正切	arctan	以e为底的对数	ln

如：v(1+2*8)/3

图 1-1-11　搜狗支持的函数

（6）插入系统当前日期。

在搜狗拼音输入法中，输入"rq"（日期的首字母），将输出系统当前日期；输入"sj"，将输出系统当前的日期和时间；输入"xq"，将输出系统当前的日期和星期。

（7）软键盘的使用。

鼠标右击输入法指示器中的"软键盘"，可选择所需要的软键盘，如图 1-1-12 和图 1-1-13 所示，此时可用鼠标或键盘输入软键盘所示的字符。再次单击输入法指示器中的"软键盘"按钮，将关闭软键盘。

图 1-1-12　搜狗拼音提供的软键盘　　　　　图 1-1-13　数学符号软键盘

用软键盘输入特殊字符：☆№▲※→←↑↓ ¤C€ ‰●◎ ±∑≅ ∮∫∞∏。输入数字：壹贰叁肆伍陆柒捌玖零①②③㈠㈡㈢ⅠⅡ Ⅲ ⅣⅤⅥ。

（8）输入搜狗表情及字符画。

单击搜狗拼音输入法指示器中的"菜单"按钮，选择"表情&符号"→"搜狗表情"，打开"搜狗拼音输入法快捷输入"对话框，如图 1-1-14 所示。可随意选择自己喜欢的表情符号、字符画。

图 1-1-14 "搜狗拼音输入法快捷输入"对话框

输入表情：＼(ˆωˆ)↗加油，o(≧v≦)o~~好棒，(*^＿^*)嘻嘻……。

（9）输入法的设置：用鼠标右击输入法条，利用快捷菜单中的各项命令进行输入法的设置。

5．启动"金山打字通"软件

使用"金山打字通"软件进行指法练习，学会正确的键盘指法，养成正确的击键姿势，并逐步实现盲打。学习五笔字型输入法。

三、问题解答

输入大写英文字母有哪两种方法？

解答：输入大写英文字母常用的有两种方法。

方法一：按住【Shift】键不放，再按字母键。

方法二：按一下【Caps Lock】键（指示灯亮），然后再按字母键。

四、思考题

（1）简述键盘各部分的功能。

（2）功能键【F1】~【F12】的功能由什么决定？

（3）如何将搜狗拼音输入法设定为默认输入法？

（4）搜狗拼音输入法应该如何设置？

实验 2　利用计算器进行不同数制的转换及运算

一、实验目的

利用计算器进行不同数制的转换及运算。

二、实验内容

1. 利用计算器完成下列数制间的相互转换。

（1）（9AF）H=（　　　　　　　　）B=（　　　　　　　　）O

（2）（10011001）B=（　　　　　　　　）H=（　　　　　　　　）D

（3）（2014）D=（　　　　　　　　）H=（　　　　　　　　）B

（4）（FF）H=（　　　　　　　　）B=（　　　　　　　　）D

2. 用计算器或手动进行二进制计算。

（1）11011011+111100001=（　　　　　　　　　）

（2）1100100−1001=（　　　　　　　　）

（3）1101*1101=（　　　　　　　　）

（4）101101 and 111000=（　　　　　　　　）

（5）101101 or 111000=（　　　　　　　　）

单击"开始"→"所有程序"→"附件"→"计算器"命令，打开计算器。在"查看"菜单中选择"程序员"命令，如图 1-2-1 和 1-2-2 所示。首先在进制区域中单击"十六进制"单选按钮，然后输入 9AF，再单击"二进制"单选按钮，即得到（100110101111）$_2$，单击"八进制"单选按钮，即得到（4657）$_8$。

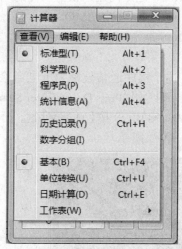

图 1-2-1 计算器"查看"菜单　　　　图 1-2-2 "程序员"计算器

实验 3　计算机系统的组成及设置

一、实验目的

（1）了解计算机系统的组成。

（2）掌握计算机系统的开机、关机方法。

（3）掌握 BIOS 的常用设置。

（4）熟悉 Windows 7 操作系统的安装。

二、实验内容

1．计算机基本操作

（1）从外观上认识计算机，认识机箱、显示器、鼠标和键盘。

（2）掌握计算机系统的启动方法。

① 冷启动：先打开外设电源，再打开主机电源"Power"。

② 热启动：同时按下【Ctrl+Alt+Del】组合键。

③ 复位启动：按主机面板上的复位【Reset】键。

【提示】　不要反复开关计算机电源，避免损坏计算机。

（3）掌握计算机系统的关机方法。

在任务栏中选择"开始"→"关闭计算机"→"关闭"。

2．常用 BIOS 的设置

CMOS 是计算机主板上的一块可读写的 RAM 芯片。BIOS 是专门用来设置硬件的一组计算机程序，该程序固化在主板上的 RAM 芯片中，通过 BIOS 可以修改 CMOS 的参数。由此可见，BIOS 是用来完成系统参数设置与修改的工具，CMOS 是系统参数的存放场所。

（1）进入 BIOS 设置程序。

启动计算机后，BIOS 将会自动执行自我检查程序，这个程序通常被称为上电自检。在 BIOS 自检后，当屏幕左下角显示进入 BIOS 设置程序的提示时（如"Press Del to Enter Setup"），按下相应的按键，用户就可以进入 BIOS 设置程序。一般 Award BIOS 按【Delete】键，而 AMI BIOS 按【F2】或【Esc】键。Award BIOS 的主界面如图 1-3-1 所示。

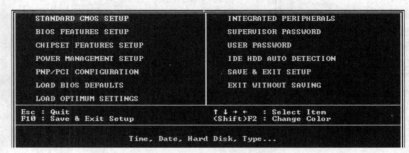

图 1-3-1　Award BIOS 主界面

（2）设置系统日期和时间。

在 BIOS 中可以设置计算机的系统日期和时间，方法是：在 BIOS 主界面中用键盘的方向键选择"STANDARD CMOS SETUP"（标准 CMOS 设定）选项，按回车键后，进入如图 1-3-2 所示的界面，使用左右方向键移至日期参数处，按【Page Down】或【Page Up】键设置日期参数，使用同样的方法设置时间，最后按【Esc】键返回主界面。

```
Date (mm:dd:yy) : Mon  Apr 15 2002
Time (hh:mm:ss) :  10 : 58 : 28
```

图 1-3-2　设置日期和时间

（3）设置设备的启动顺序。

在 BIOS 主界面中选择"BIOS FEATURES SETUP"（BIOS 功能设定）选项后按回车键，进入调整启动的设备顺序界面，如图 1-3-3 所示。在界面中选择"Boot Sequence"（开机优先顺序），通常的顺序是："A，C，SCSI，CDROM"，如果需要从光盘启动，可以调整为 ONLY CDROM，正常运行最好调整由 C 盘启动。

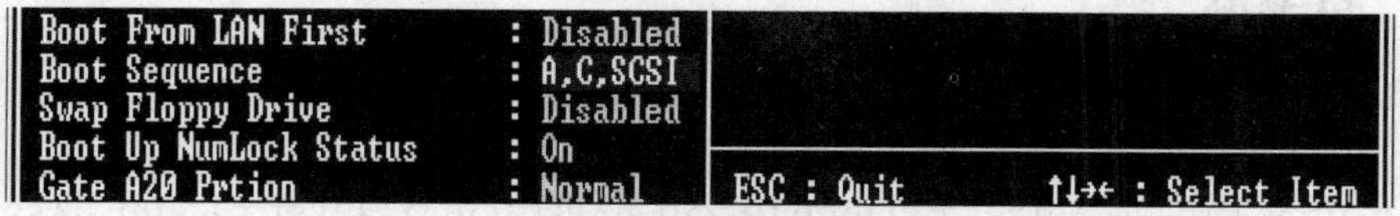

```
Boot From LAN First    : Disabled
Boot Sequence          : A,C,SCSI
Swap Floppy Drive      : Disabled
Boot Up NumLock Status : On
Gate A20 Prtion        : Normal     ESC : Quit        ↑↓→← : Select Item
```

图 1-3-3　调整启动顺序

（4）设置开机密码。

用户除了在系统中为系统设置密码外，还可以在 BIOS 中设置开机启动密码。在 BIOS 主界面中选择"SUPERVISOR PASSWORD"选项后按回车键，出现输入密码的界面，输入自己的密码并按回车键确定，这时会提示再次输入密码，继续按回车键确认，完成密码设置。

（5）退出 BIOS 主界面并保存设置。

在 BIOS 主界面中选择"SAVE & EXIT SETUP"选项后按回车键，出现提示语句"SAVE to CMOS and EXIT(Y/N)?"。输入字母"Y"后，按回车键确定，保存设置并退出 BIOS 主界面。

3．Win 7 操作系统的安装

第一步：使用 Win 7 光盘引导启动。开机按【F12】键，选择 CD-ROM 启动。在出现"Press any key to boot from CD or DVD…"时，按任意键启动。出现"Windows 正在加载文件"进度指示器。

第二步：出现"正在启动 Windows"界面，这是 Win 7 启动的"初始屏幕"。

第三步：在"要安装的语言"界面中选择中文，直接单击"下一步"按钮开始安装。

第四步：在"许可条款"后选中"我接受许可条款"，然后单击"下一步"按钮。

第五步：在"安装类型"中选择"自定义"安装，单击"下一步"按钮。

第六步：出现"您想将 Windows 安装在何处？"，在此步骤选择目标磁盘或分区，在具有单个空硬盘驱动器的计算机上只需单击"下一步"按钮执行默认安装。

第七步：按照计算机提示单击"下一步"按钮进行安装即可。在安装过程中，计算机要自动进行几次重新启动，大概 20min 后，操作系统安装完成。

三、问题解答

（1）可否带电插拔主机与外设的接口线？

解答：除支持热插拔的接口（如 USB）设备可以带电插拔外，其余接口设备，必须先关机、后连接。

（2）U 盘灯亮时如何正确拔出该设备？

解答：先关闭该设备有关程序、文件及设备窗口，再单击或右击任务栏上移动设备图标，打开快捷菜单或窗口，单击"弹出"命令后方可拔出。

（3）开启计算机时，若 BIOS 提示短句"CMOS battery failed"，该如何处理？

解答：BIOS 提示短句"CMOS battery failed"表明 CMOS 电池没电了，需要换一块新的电池。

（4）开启计算机时，BIOS 提示短句"Press Esc to skip memory test"的意思是什么？

解答：提示用户正在进行内存检查，按下【Esc】键可跳过检查。

四、思考题

（1）为什么键盘、鼠标正确连接后即可使用，而打印机却不行？

（2）计算机的冷、热启动有什么区别？

（3）在 BIOS 中可以看到"SET SUPERVISOR PASSWORD"和"SET USER PASSWORD"两个选项，两者有何区别？

第2章 计算机网络技术及 Internet 应用实验

实验1 Windows 网络环境和共享资源

一、实验目的

（1）掌握查看计算机上网络环境信息的方法。

（2）掌握标识计算机的方法。

（3）掌握 Windows 共享资源的设置和使用。

二、实验环境与设备

每组需有集线器（Hub）或交换机一台，制作好的双绞网线若干条，两台以上已安装好以太网卡和驱动程序的计算机。

三、实验内容及步骤

首先用双绞线将计算机通过以太网卡上的接口连接到集线器或交换机上。

1．查看计算机上网络环境信息

查看自己使用的计算机上所安装的协议，配置计算机的 IP 地址、子网掩码、网关地址、域名服务器等信息。

操作步骤如下。

（1）打开"控制面板"中的"网络和共享中心"窗口，单击"更改适配器设置"，用鼠标右键单击局域网连接图标或某个拨号连接，然后从快捷菜单中选择"属性"命令，打开"本地连接 属性"对话框，如图 2-1-1 所示。

在"常规"选项卡中可以找到要连接成功"对等网"所需要的最少协议信息。例如，对于"对等局域网"连接，至少应安装 Microsoft 网络的文件和打印机共享协议。如果没有，则需要安装。

（2）选择"Internet 协议（TCP/IP）"复选框，单击"属性"按钮，打开"Internet 协议（TCP/IP）属性"对话框，如图 2-1-2 所示。

（3）配置并记录本台计算机的 IP 地址、子网掩码、网关和 DNS 地址。

2．使用 ipconfig.exe 程序检查你所使用的计算机上安装的网卡的 IP 信息

（1）选择"开始/运行"命令，在弹出的"运行"对话框中键入"cmd"，如图 2-1-3 所示，或选择"开始/所有程序/附件/命令提示符"命令也可完成此操作。

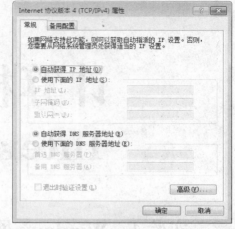

图 2-1-1 "本地连接属性"对话框　　图 2-1-2 "Internet 协议（TCP/IP）属性"对话框

图 2-1-3 "运行"对话框

（2）在弹出的"运行"对话框中键入"ipconfig"，即可得到你所使用的计算机上安装网卡的 IP 信息，如图 2-1-4 所示。

图 2-1-4 网卡的 IP 信息

（3）记录网卡的 IP 信息，即网卡地址、子网地址和网关地址。

3. 标识计算机

标识计算机的目的是给网络中的每台计算机起一个独立的名称，以便于在网络中互访。网络协议按照"计算机名"来识别网络中的各个计算机。当其他用户浏览网络时，他们可以看到该计算机的名称。要求写出本地计算机在网络上的名称和所属的工作组名称。

操作步骤如下。

（1）打开"控制面板"中的"系统"窗口，单击"高级系统设置"，在弹出的对话框中选择"计算机名"选项卡。单击如图 2-1-5 所示对话框中的"更改"按钮，打开"计算机名称更改"对话框，如图 2-1-6 所示。可在"隶属于"选项区域的"域"文本框中键入要加入的域的名称，或在"工作组"文本框键入要加入的工作组的名称。

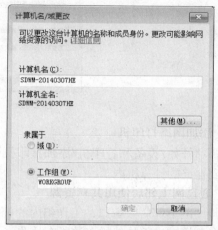

图 2-1-5 "系统属性"对话框   图 2-1-6 "计算机名称"对话框

（2）"计算机名"选项卡中的"计算机描述"文本框用于输入用户计算机的名称，以区别于网络上的其他计算机。输入的计算机名称不得有空格，字符数不要超过 15 个。计算机名称必须是唯一的，网络中不能有同名计算机。家庭用户可以输入自己的姓名。

（3）"计算机名称更改"对话框中的"工作组"文本框用于输入当前计算机所在的工作组。经常建立联系的计算机应标识为同一工作组以方便交换数据。"工作组"标识字符数不要超过 15 个。

4．设置共享文件夹

在本地的计算机 D 盘根目录下建立名为"共享文件夹"的文件夹，并从当前硬盘中任意选择一个 Excel 文件、一个 Word 文档和一个文本文件复制到所建立的文件夹内。

要求"共享文件夹"中出现的文件能被网上所有用户访问，但不允许其他用户增加、更改或删除其中的内容。

操作步骤如下。

（1）使用"资源管理器"建立名为"共享文件夹"的文件夹，并复制相应的文件到文件夹内。

（2）选中"共享文件夹"，选择"文件/属性"命令或在其上单击鼠标右键，从快捷菜单中选择"文件/共享与安全"命令，打开"共享"对话框，如图 2-1-7 所示。

（3）单击"共享"选项卡中的"共享"复选框，并选择共享的用户"Everyone"，设置权限级别为"读取"，然后单击"共享"按钮，确认文件共享的信息，最后单击"完成"按钮。

5．设置共享打印机

在"控制面板"窗口中，双击"打印机"图标，打开"打印机"窗口，用鼠标右键单击要共享的打印机图标，从快捷菜单中选择"共享"命令。

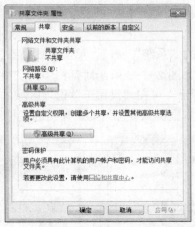

图 2-1-7 "共享"对话框

6．添加网络打印机

选择"开始/设备和打印机/添加打印机"命令，按向导提示选择网上可共享的打印机，并添加到自己的计算机内。

7．通过网上邻居使用共享资源

打开"网上邻居"窗口，工作组内的计算机和资源就会出现。通过双击需要使用资源的计算机名，逐层进入具体的资源所在位置。

8．将"共享文件夹"映射成驱动器

将网络共享驱动器（或共享文件夹）设置为本地计算机上的驱动器盘符，称为映射网络驱动器。

操作步骤如下。

（1）用鼠标右键单击桌面上的"网上邻居"图标，从快捷菜单中选择"映射网络驱动器"命令，即可打开"映射网络驱动器"对话框。

（2）在"文件夹"中，以"\\资源的服务器名\共享名"的形式键入资源名。或者单击"浏览"定位该资源，如本地计算机名为"WZH"，在"文件夹"中输入"\\WZH\共享文件夹"，如图 2-1-8 所示。

图 2-1-8 "映射网络驱动器"对话框

完成设置后，重新启动计算机，局域网内的计算机就可以共享该资源了。

实验 2 IE 浏览器和信息检索

一、实验目的

（1）掌握 IE 浏览器的使用方法。
（2）掌握常用搜索引擎的使用和信息检索的方法。
（3）掌握整个网页、网页中图片和网页中文字的保存方法。

二、实验环境与设备

已经接入 Internet 并安装好 IE 浏览器的计算机一台。

三、实验内容及步骤

1．设置 IE 浏览器的启动主页

要求将浏览器的启动主页设置为所在学校校园网主页。

操作方法如下：启动 IE 浏览器，通过选择"工具/Internet 选项"命令，打开"Internet 选项"对话框，在"主页"文本框输入学校校园网的网址。

2．用 URL 直接连接网站浏览主页

要求接入"新浪网"的首页，新浪网的网址为 http://www.sina.com.cn。

可直接在浏览器窗口的地址栏输入：http://www.sina.com.cn。

3．搜索引擎的使用

操作要求如下。

（1）通过"新浪网"主页内的搜索引擎查找提供 flash 的网站。

在新浪网主页的搜索框内输入"flash"，单击"搜索"按钮。

（2）通过"百度（http://www.baidu.com）"查找网上提供免费音乐的网站。

打开百度主页，在搜索框内输入条件"免费 音乐网站"，单击"百度一下"按钮即可。

4．保存整个网页

要求保存百度搜索引擎所查找到的免费音乐网站的信息。

在 IE 浏览器中，执行"文件/另存为"命令，打开"保存网页"对话框，在"保存类型"下拉列表框中选择"网页，全部（*.htm；*.html）"选项。

5．保存网页中的图片

要求保存"新浪网"主页上的标志性图片。

在 IE 浏览器中，用鼠标右键单击要保存的图片，弹出快捷菜单，选择"图片另存为"命令，打开"保存图片"对话框，指定保存位置和文件名即可。

6．保存网页中的文字

如果要保存网页中的全部文字，保存方法与保存整个网页类似。在 IE 浏览器中选择保存类型为"文本文件（*.txt）"即可。

如果只保存网页中的部分文字，先选定要保存的文字，用鼠标右键单击所选定的文字，弹出快捷菜单，选择"复制"命令，将信息存入剪贴板。启动"记事本"程序，再将剪贴板中的信息粘贴到记事本中，最后用记事本中的"另存为"命令保存到文件。

实验 3　电子邮件

一、实验目的

（1）掌握申请免费邮箱的方法。

（2）掌握在 Outlook Express 设置邮件账号的方法。

（3）掌握接收和发送电子邮件的方法。

二、实验环境与设备

已接入 Internet 并安装好 Outlook Express 软件的计算机一台。

三、实验内容及步骤

1．申请免费邮箱

要求申请网易 126 免费邮箱。

操作步骤如下（下面的步骤随网站的更新可能不一样，但基本的操作步骤都差不多）。

（1）进入 www.126.com 的免费邮箱登录申请页面，如图 2-3-1 所示。

图 2-3-1　网易 126 免费邮箱登录申请页面

（2）单击"注册新的 250M 免费邮箱"按钮，进入下一页面，查看服务条款和规定，当确认"同意"这些条款和规定后，进入下一页面，如图 2-3-2 所示。

（3）输入申请的邮箱用户名（账号）和验证码，假定为："helenzhang2004"，单击"确定"按钮，进入下一页面，如图 2-3-3 所示。

（4）设置密码及填写必要的个人资料，假定密码为"helen2004"。单击"确定"按钮，进入下一页面，如图 2-3-4 所示。

（5）若注册成功，当前网页告知"恭喜，您的 126 邮箱已成功申请！"，表示申请人已在 126 邮箱上拥有了一个免费邮箱。进入邮箱页面，如图 2-3-5 所示。

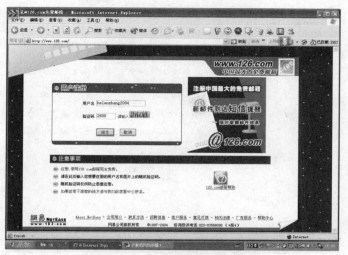

图 2-3-2　输入用户名和验证码

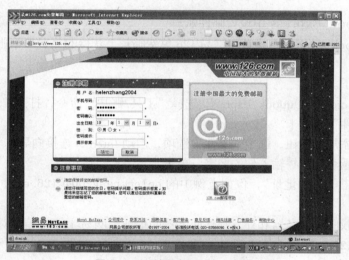

图 2-3-3　填写密码及个人资料

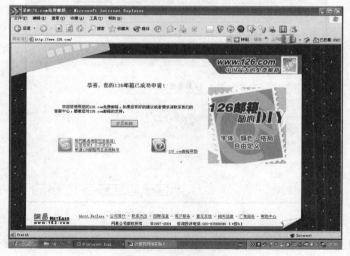

图 2-3-4　注册成功

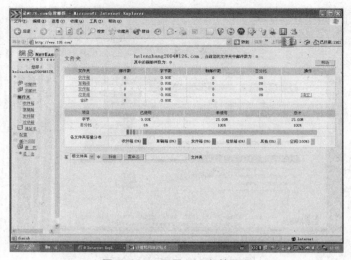

图 2-3-5　网易 126 邮箱页面

2．在 Outlook Express 中设置邮件账户

要求在 Outlook Express 中设置在网易 126 免费邮箱上获得的免费邮箱账户，直接使用免费邮箱。

操作步骤如下。

（1）启动 Microsoft Outlook Express，选择"工具/账户"命令，打开"Internet 账号"对话框，选择"邮件"选项卡。

（2）单击"添加"按钮，选中"邮件"选项，启动 Internet 连接向导。

（3）在"显示名称"栏输入你的名字，单击"下一步"按钮。

（4）输入"电子邮件地址"，例如上例中的 helenzhang2004@126.com，单击"下一步"按钮。

（5）填写接收邮件服务器和外发邮件服务器的地址，网易 126 邮箱上对应的 POP3 服务器地址为 POP3.126.COM，SMTP 地址为 SMTP.126.COM，如图 2-3-6 所示。

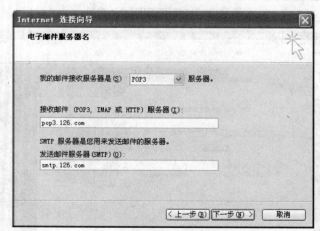

图 2-3-6　Internet 连接向导

（6）最后填写"账户名"和"密码"即可。以后就可直接通过 Outlook Express 使用该账户接收或发送电子邮件了。

3．用 Outlook Express 发送邮件

要求根据上机环境给定的邮件地址撰写邮件并发送。

操作步骤如下。

（1）执行 Outlook Express 窗口中的"邮件/新邮件"命令，或单击工具栏上的"新邮件"按钮，进入"新邮件"编辑窗口，如图 2-3-7 所示。

图 2-3-7　新邮件编辑窗口

（2）在"收件人"下拉列表框中键入收件人的邮件地址。

（3）在"主题"文本框中键入邮件的标题。

（4）在正文文本框中键入邮件内容。

（5）当邮件编辑完成后，单击"新邮件"窗口工具栏上的"发送"按钮。

当线路不通时，所撰写的邮件将保存到"发件箱"中，当联机后单击"发送与接收"按钮，可将"发件箱"中邮件发送出去，并将来信送入"收件箱"。

4．建立联系人以备快速发送邮件

要求将常用的 E-mail 地址添加到联系人列表中。

操作步骤如下。

（1）启动 Outlook Express 后，单击 Outlook Express 窗口左下方"联系人"下拉按钮中的"新建联系人"选项。

（2）在打开的新建联系人"属性"对话框中，填入联系人的姓名及 E-mail 地址，将新联系人添加到联系人列表中，如图 2-3-8 所示。

图 2-3-8　"属性"对话框

5．发送带有附件的邮件

要求通过联系人列表发送带有附件的邮件。

操作步骤如下。

（1）在 Outlook Express 内双击"联系人"列表中的某一成员，打开"联系人"窗口。在此窗口中的工具栏中单击"到联系人的新邮件"按钮，打开新邮件窗口。

（2）选择发件人的邮箱。

（3）执行"插入/文件附件"命令或单击工具栏中的"附件"按钮，打开"插入附件"对话框，选择指定的文件作为邮件附件（可以同时添加多个附件）。

（4）在"主题"文本框中键入邮件的标题。

（5）在正文文本框中键入邮件内容。

（6）单击"发送"按钮即可发送。

6．接收邮件

要求通过 Outlook Express 接收邮件。

操作步骤如下。

（1）在 Outlook Express 内单击工具栏中的"发送与接收"按钮，可将来信送入到"收件箱"。

（2）如果要接收某一指定邮箱的邮件，单击"发送/接收"的下拉按钮，再选择某一邮箱。

7．阅读和保存邮件的附件

"收件箱"中标有"📎"标志的邮件表示此邮件带有附件，阅读附件并将附件保存到磁盘上。

操作步骤如下。

（1）选择"收件箱"中标有"📎"标志的邮件，弹出如图 2-3-9 所示的窗口。

图 2-3-9　Outlook Express 邮箱

（2）单击邮件阅读窗右上角的斜回形针按钮"📎"，弹出下拉菜单，双击附件文件名阅读附件；或在其上单击鼠标右键，从快捷菜单中选择"保存附件"命令，打开"附件保存"对话框，将附件保存到磁盘上。保存附件也可通过"文件/附件保存"命令来完成。

实验 4 文件传输和文件下载

一、实验目的

（1）掌握使用 CuteFTP 进行文件传输的方法。

（2）掌握使用 FlashGet 下载文件的方法。

二、实验环境与设备

在计算机中安装 CuteFTP 软件和 IE 浏览器，并建立 IP 地址为 192.168.1.8 的 FTP 服务器。

三、实验内容及步骤

1. 使用 CuteFTP 客户端软件访问 FTP 站点

要求以 CuteFTP5.0 XP 访问 192.168.1.8 站点。

操作步骤如下。

（1）通过搜索引擎将 CuteFTP5.0 XP 软件从网络下载到本地硬盘，并运行安装。

（2）启动 CuteFTP5.0 XP，单击站点管理器，选择"文件/新建站点"命令，并按图 2-4-1 所示方式，填写站点标签（下载文件）、FTP 主机地址（192.168.1.8），按匿名方式登录。

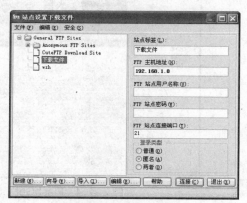

图 2-4-1 站点设置

成功登录则进入图 2-4-2 所示界面。

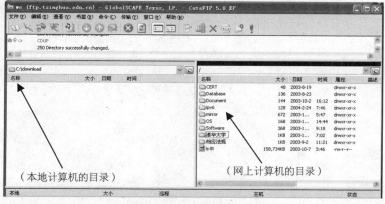

图 2-4-2 连接成功界面

用鼠标选取右栏文件，然后拖曳到左栏，便可下载文件；同样如果对方服务器允许上传文件，则在左栏选取文件，然后拖曳到右栏，便可上传文件。

2．使用 IE 浏览器进行 FTP 文件传输

启动 IE 浏览器，在地址栏中输入 ftp:// 192.168.1.8，按回车键，就登录到学校的 FTP 服务器上了，可以下载文件。

如果需要非匿名方式登录，可以选择"文件/登录"命令后，输入用户名和密码。

3．使用 FlashGet 下载网上软件

要求以 FlashGet 1.5 下载华军软件园（http://www.newhua.com）上任意一个软件，保存到本地硬盘"共享文件夹"中。

操作步骤如下。

（1）通过搜索引擎将 FlashGet 1.5 软件从网络下载到本地硬盘，并运行安装。

（2）登录华军软件园网站查找想下载的软件，单击鼠标右键，弹出快捷菜单，选中"使用网际快车下载"命令，如图 2-4-3 所示。进入下一画面，选择文件保存位置为"C:\共享文件夹"，单击"确定"按钮后，文件开始下载，如图 2-4-4 所示。

图 2-4-3　快捷菜单

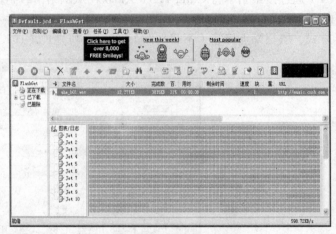

图 2-4-4　FlashGet 1.5 软件

第3章 多媒体技术基础实验

实验　认识多媒体文件

一、实验目的

（1）了解什么是多媒体。

（2）掌握哪些文件属于多媒体文件。

（3）了解常见多媒体文件的特点。

二、实验内容

1．在计算机上查找多媒体文件

根据扩展名在计算机中搜索相关文件并浏览，查看属性后填写表 3-1-1 和表 3-1-2 并回答问题。

表 3-1-1　音频文件的比较

扩 展 名	文 件 名	播放时间	文件大小
wav			
wav			
mid			
mid			

问题：wav 文件和 mid 文件相比，播放时间和文件大小有何区别？为什么？

表 3-1-2　图像文件的比较

扩 展 名	文 件 名	图像大小	文件大小
bmp			
bmp			
jpg			
jpg			
wmf			
wmf			

问题：wmf 文件、bmp 文件和 jpg 文件相比，图像大小和文件大小有何区别？为什么？

2．使用搜索引擎搜索并下载音乐素材

（1）使用搜索引擎搜索并下载"梁祝小提琴协奏曲"的 MP3、WMA、RM、MID 格式文件。

（2）使用正确的播放软件播放对应音频文件，比较下载的文件的音质及大小，填写表3-1-3。

表 3-1-3　不同格式音频文件的比较

扩 展 名	播放软件	音　　质	文件大小
mp3			
wma			
rm			
mid			

3．不同格式位图的比较

（1）单击"开始"→"程序"→"附件"→"画图"，打开一幅已经存在的图像，例如"Winter.jpg"。

（2）将图像"另存为"不同颜色深度的 bmp 格式位图，观察图像质量，获取相关信息，填写表 3-1-4 并回答问题。

表 3-1-4　不同格式位图的比较

扩 展 名	分 辨 率	颜色深度	数 据 量
jpg	800×600	24 位	
bmp	800×600	24 位	
bmp	800×600	256 色	
bmp	800×600	16 色	
bmp	800×600	单色	

问题：bmp 格式图像分辨率、颜色深度和数据量、图像质量之间有何关系？

4．通过 Web 查阅相关资料，填充表 3-1-5 并得出结论。

表 3-1-5　图形与图像的比较

	图　　形	图　　像
表示方法		
存储空间		
显示速度		
逼真程度		
是否易失真		
用途		

三、问题解答

（1）在搜索多媒体文件时，"要搜索的文件或文件夹名为"文本框中可输入哪些文件名？

解答：在计算机上进行多媒体的搜索时，搜索到的是一类型的多媒体信息，因而要输入的是文件名为"*"代表的通配符，扩展名为一类型文件的扩展名，例如：常见的有 docx、txt、rtf、wps 等为文本文件的扩展名；wav、mid、mp3、wma 等为声音文件的扩展名；wmf、ai 等为图形文件的扩展名；bmp、jpg、gif、tif 等为图像文件的扩展名；swf、fla、avi 等为动画文件的扩展名。如果有些类型的文件在计算机上没有，将搜索不到。

（2）矢量图与点位图能否互相转换？如何转换？

解答：矢量图和点位图在理论上可以相互转换。由矢量图转换成点位图采用光栅化技术，比较容易实现；由点位图转换成矢量图用跟踪技术，实现比较困难。

（3）声卡对声音的处理质量用哪些基本参数来衡量？

解答：声卡对声音的处理质量可以用 3 个基本参数来衡量，即采样频率、采样位数和声道数。

（4）声卡常用采样频率有哪些？

解答：声卡一般提供 11.025 kHz、22.05 kHz 和 44.1 kHz 这 3 种不同的采样频率。

四、思考题

（1）目前流行的音频格式有哪些？它们遵循什么压缩标准？
（2）常用的图像存储格式有哪些？各有何特点？
（3）MIDI 音频文件有何特点？

第 4 章
Windows 操作系统
实验

实验 1　Windows 7 基本操作

一、实验目的

（1）掌握 Windows 工作桌面的组成。

（2）掌握使用"计算机"与"资源管理器"浏览计算机资源。

（3）掌握汉字输入法的切换方法。

（4）掌握任务栏的设置与使用。

（5）掌握桌面快捷方式的使用。

二、实验内容及步骤

1．启动 Windows 7

开机，尝试进入 Windows 7，观察 Windows 7 工作桌面的组成。Windows 7 桌面主要由各种应用程序图标、开始菜单、任务栏、时钟、输入方式图标等组成。

重新启动计算机，按下 F8 键，尝试进入开始菜单。

2．鼠标的基本操作

在 Windows 7 中鼠标的 5 种基本操作为：单击、双击、拖曳、指向和单击右键。

（1）用鼠标的"拖曳"操作，在桌面上移动"计算机"的图标，改变它在桌面上的位置。

（2）用鼠标的"双击"和"单击右键"操作，分别打开"计算机"窗口。

（3）用鼠标的"拖曳"操作，改变"计算机"窗口的大小。

3．对话框的基本操作

（1）用鼠标"双击"操作，启动桌面任务栏右端的时间区域，打开"日期和时间 属性"对话框，修改计算机的日期和时间。

（2）选择"开始/设置/控制面板"命令，用鼠标双击控制面板中的"显示"图标，打开"显示属性"对话框，修改"桌面"的背景图案。

4．切换任务栏上的应用程序

（1）选择"开始/文档"命令，打开"我的文档"文件夹，任务栏上显示"我的文档"文件夹的图标，并将其最小化，观察任务栏上图标的变化。

（2）选择"开始/程序/附件/记事本"命令，打开"记事本"应用程序窗口。用同样的方法依次打开"计算器"和"画图"应用程序窗口。

（3）单击任务栏上的应用程序图标，在"记事本""计算器""画图"和"我的文档"

窗口之间进行切换。

（4）单击任务栏最右边的按钮（显示桌面），快速最小化已打开的窗口以便查看桌面，并在桌面之间切换。

5．使用"计算机"或"资源管理器"浏览计算机资源

Windows 7 提供了资源管理器浏览计算机资源。利用它不仅可以访问本机资源，还可以用来浏览整个网络的文件资源。

（1）在桌面上用鼠标右击"计算机"图标，在弹出的快捷菜单中选择"打开"命令，打开"资源管理器"窗口，并指出窗口中显示出的各个图标代表的对象。

（2）使用"资源管理器"或"计算机"查看本机 C、D、E 硬盘的总空间容量大小和存放的对象总数。

选择"开始/程序/附件/Windows 资源管理器"命令，打开"资源管理器"窗口，单击左窗格中项目名旁边的加号或减号，可扩展或收缩所包含的子项目。

试说出你所使用的计算机上 C 盘总空间容量、已使用空间以及根目录上的对象总数各为多少。

6．设置任务栏

首先取消对任务栏的锁定，然后完成下面的任务。

（1）将任务栏移到屏幕的右边缘，再将任务栏移回到原处。

（2）将任务栏变宽或变窄。

（3）取消任务栏上的时钟并设置任务栏为自动隐藏。

在任务栏空白处单击右键，选择"属性"，打开"任务栏和开始菜单属性"对话框，选择"任务栏"标签，单击对应的复选框，标记或取消"√"，如图 4-1-1 所示。

图 4-1-1 "任务栏和开始菜单属性"对话框

单击"自定义"按钮，进入通知区域图标的显示设置窗口。

单击"打开或关闭系统图标"进入系统图标设置窗口。

7．建立桌面快捷方式

（1）在桌面上建立"控制面板"中"系统"工具的快捷方式。

选择"计算机/控制面板"命令，打开"控制面板"窗口，用鼠标右键单击"系统"图标，选择快捷菜单中的"创建快捷方式"命令。

（2）通过桌面的快捷菜单，在桌面上为资源管理器（对应程序为 C:\Windows\explorer.exe 或 C:\Windows\explorer.exe）建立一个名为"资源管理器"的快捷方式。

用鼠标右键单击桌面空白区域，选择快捷菜单中的"新建/快捷方式"命令，打开"创建快捷方式"对话框，在文本框中输入"C:\Windows\explorer.exe"或"C:\Windows\explorer.exe"，单击"下一步"按钮，在提示的名称文本框中输入"资源管理器"后，单击"完成"按钮即可。

（3）在桌面上建立名为"Myfile.txt"的文本文件和名为"我的数据"的文件夹。

用鼠标右键单击桌面空白区域，选择快捷菜单中的"新建/文本文档"命令，桌面上出现"新建文本文档.txt"图标，将"新建文本文档.txt"改为"Myfile.txt"后，按 Enter 键。

（4）使用鼠标拖曳（复制）操作，在桌面上建立查看 C 盘资源的快捷方式。

打开"计算机"窗口（不要将窗口最大化），选择 C 盘的图标，直接用鼠标将其拖曳到桌面上。

（5）利用资源管理器的快捷菜单中的"发送到"命令，在桌面上建立可以打开"My Documents"文件夹的快捷方式。

打开资源管理器，在左窗格中用鼠标右键单击"我的文档"文件夹，选择快捷菜单中的"发送到/桌面快捷方式"命令。

注：可以使用类似的操作创建文件、程序、文件夹、打印机或计算机等快捷方式。

8．桌面对象快捷方式的移动、复制和删除

（1）将桌面上的"资源管理器"和"系统"快捷方式复制到"我的数据"文件夹内。

用【Ctrl】键加鼠标操作同时选定桌面上的"资源管理器"和"系统"快捷方式图标，直接拖曳到"我的数据"文件夹图标上。如果"我的数据"窗口已打开，可直接拖曳到窗口区域内。

（2）用【Ctrl】键加鼠标拖曳操作，将桌面上的"Myfile.txt"文件复制到"我的数据"文件夹内。

提示：以上操作也可通过剪贴板完成。用鼠标右键单击选定的对象，执行快捷菜单中的"复制"命令，再用鼠标右键单击目标对象，执行快捷菜单中的"粘贴"命令。

（3）删除桌面上已经建立的"资源管理器"和"系统"快捷方式。

选中"资源管理器"和"系统"快捷方式图标，按【Del】键（或在图标上单击鼠标右键，从弹出的快捷菜单中的选择"删除"命令），确认信息后，被删除的对象被进入回收站。

（4）恢复已删除的"资源管理器"快捷方式。

打开"回收站"，选中其中的"资源管理器"快捷方式图标，执行"文件/还原"命令。凡转移到回收站内的对象，只要回收站保存这些信息，就可恢复。

（5）删除桌面上的"Myfile.txt"文件对象，使之不可恢复。

选中要删除的对象，用【Shift+Del】键或【Shift】键加"删除"命令，被删除的对象将不进入回收站，实现永久性删除。也可在回收站内选择"文件/清空回收站"命令，彻底删除进入回收站的对象。

9．更改桌面上某一快捷方式的图标

用鼠标右键单击要修改图标的某快捷方式，选择"属性"命令，打开"属性"对话框，单击"更改图标"按钮，打开图标库，指定所需要的图标即可。

10．"开始"菜单与桌面对象之间的联系

（1）将桌面上"资源管理器"的快捷方式复制到开始菜单的左边。

按住【Ctrl】键不放，将桌面上"资源管理器"快捷方式图标拖曳到"开始"菜单的按钮上，等到"开始"菜单打开后，再将"资源管理器"图标拖曳到开始菜单的左边，然后释放鼠标和【Ctrl】键。

（2）将桌面上"我的数据"的文件夹移到开始菜单"程序"组内。

按住【Shift】键，将桌面上"我的数据"文件夹图标拖曳到"开始"菜单的按钮上，等到"开始"菜单打开后，再将"我的数据"文件夹图标拖曳到"程序"子菜单内的适当位置，然后释放鼠标和【Shift】键。

（3）将"开始"菜单中的"附件"子菜单复制到桌面。

将鼠标指针指向"附件"子菜单，按住【Ctrl】键，再将"附件"子菜单拖曳到桌面，然后释放鼠标和【Ctrl】键。

11．退出 Windows 7

使用完系统后，退出 Windows 7 并关闭计算机。

单击"开始"菜单，选择"关机"，如图 4-1-2 所示。

单击"关机"右边的按钮可以弹出"重新启动"等选项。

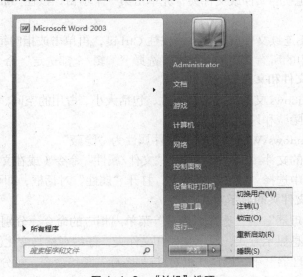

图 4-1-2　"关机"选项

实验 2　Windows 文件管理

一、实验目的

（1）掌握 Windows 资源管理器的使用。

（2）掌握文件和文件夹的建立、属性和显示方式设置。

（3）掌握文件和文件夹的选择、复制、移动和删除操作。

（4）掌握搜索文件和文件夹的方法。

二、实验内容及步骤

1．选择文件和文件夹

Windows 7 是采用树状结构以文件夹的形式组织和管理文件的。

（1）在"资源管理器"中通过双击打开 C:\Windows 文件夹。

（2）同时选择 C:\Windows\Web 子文件夹和 explorer.exe 文件。

① 要选择多个连续的文件或文件夹，先单击第一个项目，按住 Shift 键不放，然后单击最后一个项目。

② 要选择多个不连续文件或文件夹，按住 Ctrl 键，再单击或指向每个需要的项目。

③ 要选择窗口中的所有文件和文件夹，选择"编辑/全部选定"命令即可。

2．查看和设置文件和文件夹的属性

（1）查看 C:\Windows 文件夹的常规属性，包括大小、占用的空间、包含的文件数、子文件夹数、创建时间、隐藏和只读属性等。

（2）设置 C:\Windows\Web 下的某些文件属性为"隐藏"。

选择要更改属性的文件或文件夹。选择"文件/属性"命令（或在文件或文件夹上单击鼠标右键，从快捷菜单中选择"属性"命令），打开"属性"对话框，即可查看或设置属性。

3．设置文件和文件夹的显示方式

（1）在"资源管理器"中，选择"查看"菜单内相应的命令，分别选用缩略图、平铺、图标、列表和详细信息显示方式，显示文件和文件夹，仔细观察其变化。

（2）在"资源管理器"中，选择"查看/排列图标"菜单命令，可分别按名称、大小、类型和修改日期等排序方式显示文件和文件夹。

（3）在"资源管理器"中，显示属性为"系统"、"隐藏"的文件和文件夹。

在"资源管理器"中，选择"工具/文件夹选项"命令，打开"文件夹选项"对话框，选择"查看"选项卡，在"高级设置"栏中进行选择设置。

（4）在"资源管理器"中设置显示文件和文件夹的扩展名。

在"文件夹选项"对话框的"高级设置"栏中取消"隐藏已知文件类型的扩展名"复选框的选择。

4．在磁盘上指定的位置创建新文件夹或文件

（1）在"资源管理器"中，单击希望在其中创建新文件夹的驱动器或文件夹，选择"文件/新建/文件夹"命令，在新建文件夹的名称文本框内键入新建文件夹的名称，然后按 Enter 键。

这里新建下列文件夹结构，如图 4-2-1 所示。

图 4-2-1　文件夹的结构

（2）类似地在"资源管理器"中，可通过选择"文件/新建"快捷菜单命令，然后选择新建文件的类型，键入新建文件的名称，按 Enter 键的方法建立一个新文件，如图 4-2-2 所示。

图 4-2-2　"新建"快捷菜单

5．复制或移动文件或文件夹

（1）用鼠标拖曳将 C:\Windows\Cursors 文件夹复制到上面结构 D:\User\Data 文件夹下。

在"资源管理器"的左窗格中，单击 C:\Windows\Cursors 文件夹，按住 Ctrl 键不放，用鼠标将其直接拖曳到 D:\User\Data 文件夹图标上，当对象被拖曳到目标位置时，目标对象图标说明文字变成蓝底白字，然后释放鼠标和 Ctrl 键。

（2）用鼠标拖曳将 C:\Windows\Help 文件夹中的 ACCESS.* 和 CALC.* 文件复制到 D:\User\Help 文件夹下。

（3）用命令操作将 C:\Windows\Help 文件夹中的 ACCESS.* 和 CALC.* 文件复制到 D:\User\Help 文件夹下。

选择 C:\Windows\Help 文件夹中的 ACCESS.* 和 CALC.* 文件后，再选择"编辑/复制"命令，将鼠标指针指向要复制到的目标上，选择"编辑/粘贴"命令。

（4）用鼠标拖曳或命令操作将 D:\User\Help 文件夹下的所有文件移动到 D:\User\Data 文件夹下。

用鼠标操作打开 D:\User\Help 文件夹，选择"编辑/全部选定"命令，选中所有的文件，然后选择"编辑/剪切"命令，将鼠标指针指向要移动到的目标上，再选择"编辑/粘贴"命令。

6．删除文件或文件夹

选择要删除的目标文件或文件夹，选择"文件/删除"命令；或者在要删除的目标上单击鼠标右键，从弹出的快捷菜单中选择"删除"命令。

7．搜索文件或文件夹

（1）查找 C 盘上扩展名为.txt 的文件或文件夹。

选择"开始/搜索"命令，键入想要查找的文件或文件夹名，如果有多个文件或文件夹名，中间用空格分隔。

（2）查找主文件名内含有"letter"的文件或文件夹。

用"*letter*.*"构成要查找的文件和文件夹名。请比较采用"*letter.*"或"letter*.*"的搜索结果有什么不同。

（3）查找 C 盘上扩展名为".txt"、修改时间介于 2004-1-5 至 2008-4-30 之间的文件。

要指定附加的查找条件，可单击"指定日期"单选钮，然后输入修改日期的范围，单击"搜索"按钮。

（4）查找 C 盘上第 3 个字母为"R"，扩展名为".bmp"的文件，并以"bmp 文件.fnd"为文件名将搜索条件保存在桌面上。

用"?? R *.bmp"构成要查找的文件和文件夹名。

实验 3　环境设置与系统维护

一、实验目的

（1）掌握 Windows 控制面板的使用。

（2）掌握设置桌面背景和屏幕保护。

（3）掌握汉字输入方法的设置。

（4）掌握系统附件中常用工具的使用。

（5）掌握"剪贴簿查看器"的使用。

二、实验内容及步骤

1．使用"系统信息"程序查看你所使用的计算机

（1）显示你所使用的计算机的 CPU、内存、操作系统、所在文件夹等系统摘要信息。

选择"开始/程序/附件/系统工具/系统信息"命令，打开"系统信息"应用程序窗口，选择"系统摘要"文件夹。

（2）选择"组件/存储/驱动器"文件夹，查看所使用的计算机的硬盘信息。

2．设置桌面背景和屏幕保护

（1）选择一幅扩展名为.bmp 或.jpg 或.gif 的图画文件作为桌面的背景。

在桌面空白区域单击鼠标右键，选择快捷菜单中的"个性化"命令，在弹出的窗口中选择"桌面背景"按钮。在"选择桌面背景"窗口内选定作为桌面背景的图片文件。

（2）设置屏幕保护程序为三维文字，显示"计算机屏幕保护"，以速度最快、醉八仙式旋转，并设置延时。

选择"屏幕保护程序"按钮，在"屏幕保护程序设置"对话框中的"屏幕保护程序"下拉列表中选择"三维文字"，在"等待"中选择 5 min，单击"设置"按钮，在"自定义文字"框内输入"计算机屏幕保护"。然后定义动态效果、表面样式、分辨率、大小和旋转速度。

3．更改屏幕分辨率

在"控制面板"中打开"显示"窗口，在右上角的选项中单击"调整分辨率"，在打开的窗口中选择分辨率下拉按钮，选择分辨率。

4．设置节能

在"控制面板"中选择"电源选项"，在"电源选项"窗口中设置电源使用方案为"节能"，选择"更改计划设置"如果计算机置于等待状态 15 min 以上，自动关闭显示器；使计算机进入睡眠状态的等待时间为 60min。

5．使用"磁盘碎片整理程序"整理磁盘

"磁盘碎片整理程序"用于重新安排计算机硬盘上的文件、程序以及未使用的空间，以便程序运行得更快。

选择"开始/程序/附件/系统工具/磁盘碎片整理程序"命令即可。

6．设置汉字输入法

要求提供"智能 ABC 输入法"、"全拼输入法"和"英语"3 种方法。

打开"控制面板"中的"区域和语言选项"对话框，选择"键盘和语言"选项卡，选择"更改键盘"按钮，打开"文字服务和输入语言"对话框。

在"已安装的服务"列表框内选择已安装的某一种输入法，单击"删除"按钮可以从系统中取消该输入法。单击"添加"按钮可以安装新的输入法。

当选择"语言栏"按钮，在"语言栏设置"对话框中选中"在桌面上显示语言栏"复选框，并已安装了两种以上的输入法时，则当前输入法的指示器将显示在任务栏上。

7．使用"画图"程序

选择"开始/程序/附件/画图"命令，即可打开"画图"程序窗口。使用窗口左侧的工具绘制一幅画，保存在 D:\User\Pictures 文件夹下，分别保存为名为 picture1.bmp 和 picture2.jpg 的两种文件。比较这两种文件的大小。

在绘制图画时，注意"画图"程序工具箱内各个按钮的作用，学会图片的裁剪、清除及移动等。有关使用"画图"程序的信息，可单击"画图"中的"帮助"菜单。

8．使用"记事本"程序

选择"开始/程序/附件/记事本"命令，打开"记事本"程序窗口，选择一种汉字输入法，在"记事本"程序窗口内输入如下一段文字，练习完毕后关闭记事本窗口，并保存文本文档文件到"D:\User\我的公文包"文件夹下。

什么是新闻组？

新闻组是个人向新闻服务器所张贴邮件的集合，一台计算机上可建立数千个新闻组。您几乎可以找到任何主题的新闻组。虽然某些新闻组是受到监控的，但大多数不是。对于受监控的新闻组，其"拥有者"可以检查张贴的邮件、提出问题，或删除不适当的邮件。

任何人都可以向新闻组张贴邮件，新闻组不需要成员资格或加入费用。

PART 5

第 5 章
Word 文字处理软件
实验

实验 1　Word 文档的基本操作

一、实验目的

（1）掌握 Word 2010 的个性定制。

（2）掌握 Word 文档的建立和保存。

（3）掌握文档的基本编辑操作。

（4）掌握文档编辑中的快速编辑：文本查找、替换与校对。

（5）掌握文档的不同视图显示方式。

二、实验样张

文档排版样张如图 5-1-1 所示。

《尊严》

在自然界里，有一些生物比 *human* 类还要有尊严。当生命遭到无情的践踏时，它们会用改变、会用放弃、会用死亡捍卫自己的尊严。

珊瑚

你见过活着的珊瑚吗？它生活在幽深无比的海底。在海水的怀抱里，它是柔软的。是柔若无骨的那种柔软，所有小小的触角都在水中轻轻地一张一合，似乎每一阵流水的波动都在柔柔地拨动着它的心弦。可是，如果采珊瑚的 *human* 出现了，如果那双习惯截取生命的手把珊瑚带走，毫不怜惜地把它带出水面，那么这时珊瑚就会变得无比的坚硬。在远离大海的灿烂的阳光下，珊瑚只是一具惨白僵硬的骨骼。

水獭

有一种水獭，它有着令世界惊叹的美丽的皮毛。在阳光下，那是深紫色的，像缎子一样，闪烁着华美、神秘而又高贵的光泽。如果你在林间看到它，如果你看到它静静地栖息在水边的岩石上，你也会惊诧，造物主原来是如此的神奇，他竟然造出这样完美的有生命的宝石。可是水獭的美丽却给它带来了灭顶之灾。总有一些 *human* 类，想把它的皮毛剥下来，制成帽子，戴在某位绅士的头上，制成大衣，裹住某位淑女丰美的身躯。于是，有 *human* 带着猎枪闯进了水獭的家园，在阳光下，他眯起眼睛，扣动了扳机，枪响过后，水獭死了。让 *human* 奇怪的是，水獭的美丽也消失了，躺在岩石上的只是一只平凡的水獭，它的皮毛干涩粗糙，毫无光泽。

雄麝

谁都知道麝香，那是名贵的药材，也是珍贵的香料。事实上，麝香不过是雄麝脐下的分泌物而已。想要获得麝香，就必须捕杀雄麝。雄麝生活在密林深处，身手矫健，来去如风，就是找到了雄麝，取得麝香也是极困难的事。有经验的老猎手说：“靠近雄麝时，千万要屏息凝神，不能让雄麝感觉到你的存在，否则，它会转过头来，在你射杀它之前，咬破自己的香囊。”

——网络摘编自陈漫的散文

图 5-1-1　Word1 文档排版样张

三、实验内容

1. Word 2010 的个性定制

（1）Word 2010 的启动。

选择"开始"→"所有程序"→"Microsoft Office"→"Microsoft Office Word 2010"命令或双击桌面上 Word 2010 快捷图标，即可进入 Word 2010 应用程序窗口。

（2）"快速访问工具栏"设置。

方法一：单击快速访问工具栏右边的下拉按钮，打开自定义快速访问工具栏快捷菜单，如图 5-1-2 所示，在需要添加的项目前打上对勾即可。

图 5-1-2　"自定义快速访问工具栏"快捷菜单

方法二：在功能区面板的任意一个位置单击鼠标右键，选择快捷菜单中"自定义快速访问工具栏"，或者选择"文件"→"选项"→"快速访问工具栏"，打开自定义快速访问工具栏对话框如图 5-1-3 所示。选中左边窗格中的某命令，然后单击"添加"，所选命令就添加到右边窗格中。图 5-1-3 就向快速访问工具栏添加了"新建""打开""打印预览和打印"的命令按钮。也可选中右边窗格的某命令，单击"删除"，将其从快速访问工具栏删除。也可在该对话框的下边勾选"在功能区下方显示"，或者在快捷菜单中选择"在功能区下方显示快速访问工具栏"，将快速访问工具栏的位置放置到功能区下方。

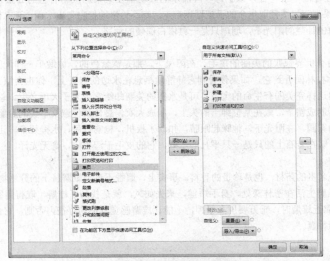

图 5-1-3　"自定义快速访问工具栏"对话框

（3）自定义功能区，将"开发工具"添加到功能选项卡中。

执行"文件"→"选项"命令，打开"Word 选项"对话框，在此对话框中，选择"自定义功能区"，勾选其中的"开发工具"，如图 5-1-4 所示，把"开发工具"添加到功能选项卡中。

图 5-1-4　设置"自定义功能区"对话框

2．文档的建立、保存及打开

（1）选择"文件"→"新建"命令，新建一个 Word 文档文件。输入如图 5-1-5 所示的内容，并以"Word.docx"（本章实验中，保存/打开的所有文件名，其扩展名统一修改为.docx，共 16 处）为文件名保存在 D 盘或指定的文件夹中，然后关闭该文档。

你见过活着的珊瑚吗?它生活在幽深无比的海底。在海水的怀抱里，它是柔软的。是柔若无骨的那种柔软，所有小小的触角都在水中轻轻地一张一合，似乎每一阵流水的波动都在柔柔地拨动着它的心弦。可是，如果采珊瑚的人出现了，如果那双习惯截取生命的手把珊瑚带走，毫不怜惜地把它带出水面，那么这时珊瑚就会变得无比的坚硬。在远离大海的灿烂的阳光下，珊瑚只是一具惨白僵硬的骨骼。

有一种水獭，它有着令世界惊叹的美丽的皮毛。在阳光下，那是深紫色的，像缎子一样，闪烁着华美、神秘而又高贵的光泽。如果你在林间看到它，如果你看到它静静地栖息在水边的岩石上，你也会惊诧，造物主原来是如此的神奇，他竟然造出这样完美的有生命的宝石。可是水獭的美丽却给它带来了灭顶之灾。总有一些人类，想把它的皮毛剥下来，制成帽子，戴在某位绅士的头上，制成大衣，裹住某位淑女丰美的身躯。于是，有人带着猎枪闯进了水獭的家园，在阳光下，他眯起眼睛，扣动了扳机，枪响过后，水獭死了。让人奇怪的是，水獭的美丽也消失了，躺在岩石上的只是一只平凡的水獭，它的皮毛干涩粗糙，毫无光泽。

谁都知道麝香，那是名贵的药材，也是珍贵的香料。事实上，麝香不过是雄麝脐下的分泌物而已。想要获得麝香，就必须捕杀雄麝。雄麝生活在密林深处，身手矫健，来去如风，就是找到了雄麝，取得麝香也是极困难的事。有经验的老猎手说："靠近雄麝时，千万要屏息凝神，不能让雄麝感觉到你的存在，否则，它会转过头来，在你射杀它之前，咬破自己的香囊。"

在自然界里，有一些生物比人类还要有尊严。

当生命遭到无情的践踏时，它们会用改变、会用放弃、会用死亡捍卫自己的尊严。

图 5-1-5　新建的 Word 文档

（2）选择"文件"→"打开"命令，打开上面以"Word.docx".为文件名保存的 Word

文档文件，并将其另存为"Word1.doc"文件。

3．文档的基本编辑操作

文档的基本编辑操作包括内容选定、删除、修改、插入、复制和移动等。

（1）将正文最后两段合并为一个段落，并将其移动到文章开始第一段的位置。

将插入点光标移动到倒数第二段结尾处，用【Del】删除键，删除两段之间的回车符，两个段落即合并为一个段落。选定合并后的最后一段，用"剪切"命令放入剪贴板，然后把光标定位在第一段之前，选择"粘贴"命令即可。

（2）在文本的最前面插入一行标题，标题为"《尊严》"。在文末插入一行内容为"网络摘编自陈漫的散文"，如样张所示。

将插入点移到文章第1段第1个字符前，然后输入"《尊严》"并按 Enter 键。

（3）给正文的第2、第3和第4段分别插入小标题"珊瑚""水獭"和"雄麝"。

4．文档编辑中的快速编辑：文本的查找、替换与校对

（1）将文本中所有的"人"替换成英文单词"human"。

（2）将所有的英文单词更改为红色并加着重号。

（3）将所有英文"human"的字体设置成加粗倾斜。

上面步骤可以合并一起完成，下面是分步完成的步骤。

① 在"查找和替换"对话框中，先将插入点定位在"查找内容"文本框中，输入"人"，然后把插入点定位在"替换为"文本框中，输入"human"，单击"更多"→"格式"按钮，打开"替换字体"对话框，如图 5-1-6 和图 5-1-7 所示，选择"着重号"、字体颜色为"红色"，单击"确定"，回到"查找和替换"对话框，单击"全部替换"按钮。

② 选定要更改的文本，单击"加粗""倾斜"命令，完成选中文本的格式设置，再双击"格式刷"按钮，其余文本的格式设置用格式刷完成。

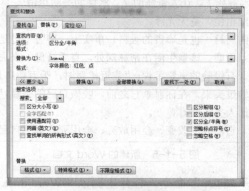

图 5-1-6 "查找和替换"对话框

图 5-1-7 "替换字体"设置对话框

5．文档的拼写检查

利用拼写检查功能检查所输入的英文单词有否拼写错误，如果存在拼写错误请将其改正。

6．分别以"页面、大纲、阅读、打印浏览"等不同的显示方式显示文档，观察各自显示的特点

7．将文档以原名"Word1.doc"保存到 D 盘指定的文件夹中

实验 2   文档的排版

一、实验目的

（1）掌握字符、段落的格式化。
（2）掌握项目符号、编号的使用。
（3）掌握首字下沉、中文版式及边框底纹设置。
（4）掌握分栏操作和样式的使用。

二、实验样张

文档排版样张如图 5-2-1 所示。

《尊严》

在自然界里，有一些生物比 *human* 类还要有尊严。當生命遭到無情的踐踏時，它們會用改變、會用放棄、會用死亡捍衛自己的尊嚴。

> ➤ 改变的珊瑚
> ➤ 放弃的水獭
> ➤ 死亡的雄麝

珊瑚

你见过活着的珊瑚吗？它生活在幽深无比的海底。在海水的怀抱里，它是柔软的。是柔若无骨的那种柔软，所有小小的触角都在水中轻轻地一张一合，似乎每一阵流水的波动都在柔柔地拨动着它的心弦。可是，如果采珊瑚的 *human* 出现了，如果那双习惯截取生命的手把珊瑚带走，毫不怜惜地把它带出水面，那么这时珊瑚就会变得无比的坚硬。在远离大海的灿烂的阳光下，珊瑚只是一具惨白僵硬的骨骼。

shuǐ tǎ
水獭

有 一 种 水 獭，它有着令世界惊叹的美丽的皮毛。在阳光下，那是深紫色的，像缎子一样，闪烁着华美、神秘而又高贵的光泽。如果你在林间看到它，如果你看到它静静地栖息在水边的岩石上，你也会惊诧，造物主原来是如此的神奇，他竟然造出这样完美的有生命的宝石。可是水獭的美丽却给它带来了灭顶之灾。总有一些 *human* 类，想把它的皮毛剥下来，制成帽子，戴在某位绅士的头上，制成大衣，裹住某位淑女丰美的身躯。于是，有 *human* 带着猎枪闯进了水獭的家园，在阳光下，他眯起眼睛，扣动了扳机，枪响过后，水獭死了。让 *human* 奇怪的是，水獭的美丽也消失了，躺在岩石上的只是一只平凡的水獭，它的皮毛干涩粗糙，毫无光泽。

图 5-2-1   Word2 文档排版样张

三、实验内容

打开保存在 D 盘或指定文件夹中的 Word1.doc 文档文件，完成以下的基本排版操作，然后另存为 Word2.doc 文件。

（1）将标题"《尊严》"设置成"标题 1"样式，居中对齐、黑体。

【提示】　　　　　"标题 1"样式可在"开始"功能区"样式"分组中获得。

（2）将各个段落小标题居中对齐，设置如样张所示。打开"视图"→"导航窗格"，了解长文档的编辑方法。

第 2 段标题："标题 2"样式，华文彩云、三号字。

第 3 段标题："标题 2"样式，华文隶书、三号字。

（3）设置所有正文首行缩进两个汉字，华文行楷、小四号字，所有英文字体为 Arial Black。

（4）将第 1 段设置为如样张所示的格式。其中的格式设置包括：字体为宋体、加粗，字形加宽 130%，小四号字，单倍行距，段前、段后 0.5 行，繁体字，边框和底纹以及首字下沉等。

【提示】　　　　　利用"审阅"功能区"中文简繁转换"分组的工具进行相应的转换。

（5）在第 1 段后插入如样张所示的 3 个标题，进行适当的格式设置，并加上项目符号。

【提示】　　　　　选中 3 个标题，打开"开始"功能区"字体"对话框，设置字符间距加宽 2 磅。打开"开始"功能区"段落"分组中"项目符号"或"编号"下三角按钮，选择一种项目符号，进行设置。

（6）设置第 2 段内容字体颜色为红色，并分成相等的 3 栏，如样张所示。

（7）给第 3 段标题加上拼音标注；并将该段首的"有一种水獭"这几个字格式设置为带圈字符，并选择"增大圈号"；该段最后一句加上黄色的底纹。

【提示】　　　　　利用"开始"功能区"字体"分组中对应的命令可对选中的中文加拼音标注、对文字加圈等。

实验3　图文混合排版

一、实验目的

（1）掌握插入图片、图片编辑和格式化操作。

（2）掌握图形的绘制和修饰。

（3）掌握文本框、图文框的使用。

（4）掌握艺术字的使用。

（5）掌握公式编辑器的使用。

二、实验样张

页面排版的样张如图5-3-1所示。

《尊严》

你见过活着的珊瑚吗?它生活在幽深无比的海底。在海水的怀抱里，它是柔软的。是柔若无骨的那种柔软，所有小小的触角都在水中轻轻地一张一合，似乎每一阵流水的波动都在柔柔地拨动着它的心弦。可是，如果采珊瑚的人出现了，如果那双习惯截取生命的手把珊瑚带走，毫不怜惜地把它带出水面，那么这时珊瑚就会变得无比的坚硬。在远离大海的灿烂的阳光下，珊瑚只是一具惨白僵硬的骨骼。

有一种水獭，它有着令世界惊叹的美丽的皮毛。在阳光下，那是深紫色的，像缎子一样，闪烁着华美、神秘而又高贵的光泽。如果你在林间看到它，如果你看到它静静地栖息在水边的岩石上，你也会惊诧，造物主原来是如此的神奇，他竟然造出这样完美的有生命的宝石。可是水獭的美丽却给它带来了灭顶之灾。总有一些人类，想把它的皮毛剥下来，制成帽子，戴在某位绅士的头上，制成大衣，裹住某位淑女丰美的身躯。于是，有人带着猎枪闯进了水獭的家园，在阳光下，他眯起眼睛，扣动了扳机，枪响过后，水獭死了。让人奇怪的是，水獭的美丽也消失了，躺在岩石上的只是一只平凡的水獭，它的皮毛干涩粗糙，毫无光泽。

造物主原来是如此的神奇，他竟然造出这样完美的有生命的宝石

香咬杀来它在到让凝千近猎有困麝雄就来身密雄捕香想泌麝香事贵材是道
囊破它'会'你雄神万雄手经难香麝是去手林麝杀'要物脐不实的'名麝谁
』自之在转否麝'要麝说验的也'找如矫深生雄就获而下过上香也贵香知
己前你过则的感不屏时┐的事是取到风健处活麝必得已的是'料是的'都
的'射头'存觉能息'靠老。极得了''''在。须麝。分雄麝。珍药那知

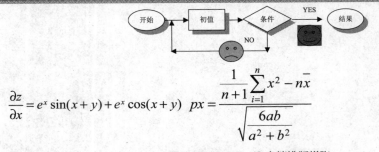

$$\frac{\partial z}{\partial x} = e^x \sin(x+y) + e^x \cos(x+y) \quad px = \frac{\dfrac{1}{n+1}\sum_{i=1}^{n} x^2 - n\bar{x}}{\sqrt{\dfrac{6ab}{a^2+b^2}}}$$

图5-3-1　Word3文档排版样张

图 5-3-1 Word3 文档排版样张（续）

三、实验内容

打开保存在 D 盘或指定的文件夹中的 Word.doc 文件，完成下列操作，然后以"Word3.doc"为文件名保存。文档排版样张如图 5-3-1 所示。

（1）将标题"《尊严》"设置为艺术字，字体为宋体、36 磅、加阴影。式样如样张所示。

（2）在第 1 段正文中插入如样张所示的图片，大小高度为 2.7cm、锁定纵横比，环绕方式为紧密型。

【提示】 选择"插入"功能区"插图"分组中的"图片"按钮，在 Word 2010 中插入的图片是嵌入图。设置环绕方式，要先选定图片，然后选择"格式"功能区"排列"分组中"位置"按钮。

（3）在正文的第 2 段插入一个文本框，在其中输入文字并在文字的下面插入一幅图片，环绕方式为四周型。

（4）在正文后插入一个竖排文本框，剪切文章最后一段文字放入文本框中，文本框加黄色背景、红色边框（0.75 磅）并加阴影。

（5）在正文后利用"插入"功能区"形状"按钮，绘制如样张所示的流程图，并将其组合。

【提示】 流程图中"处理"后不正确的结果显示"哭脸"，是通过插入绘图工具中"基本形状"中的"笑脸"，然后选中该图嘴巴上的黄色棱块，往下拖动，即改为"哭脸"。要将流程图组合，只要选中所有的自选图形，在快捷菜单中选择"组合"命令。

（6）在文末插入数学公式，如样张所示。

（7）插入 SmartArt 图。

选择"SmartArt 图"中的"关系"类型下的"射线维恩图"，输入如样张所示的内容并利用相关工具进行格式设置。同时设置图与文字间的关系。

（8）页面设置：A4 纸张大小、纵向，上、下边距 2.6cm，左、右边距为 2.0cm。插入页眉："Word 文字处理软件"实验；在页脚区插入页码。

实验4　页面设置及打印

一、实验目的

（1）掌握页面设置。

（2）掌握页眉、页脚、页码和分隔符的设置。

（3）掌握打印预览的使用。

二、实验内容

打开保存在 D 盘指定文件夹中的 Word1.doc 文档文件，完成下列基本操作，然后以"Word1-4"为文件名保存。

1. 打印"页面设置"

选择"页面布局"功能区"页面设置"分组按钮 🔲，打开"页面设置"对话框，设置页面纸张大小为 B5，页面左、右边距为 2.5cm，上、下边距为 3cm。如图 5-4-1 所示。

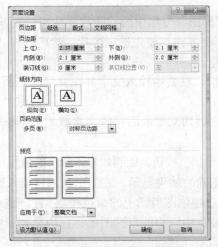

图 5-4-1　"页面设置"对话框　　　　图 5-4-2　"页码"对话框

2. 插入页码、分隔符

选择"插入"功能区"页眉和页脚"分组"页码"按钮，打开"页码"对话框，设置文档页码居中、首页显示页码，如图 5-4-2 所示。

选择"插入"功能区"页"分组中的"分页"按钮，在当前文档的第一段文字、第二段文字后面分别插入分页符，使得文档变成 3 页。

3. 设置页眉和页脚

设置页眉和页脚奇偶页不同效果，在奇数页眉输入你本人姓名，在偶数页眉输入你本人学号，格式要求为楷体、五号字、居中对齐；在全部页脚设置页码，右对齐，页码格式如：第 x 页共 y 页。

4. 打印预览

单击标题栏上的打印预览按钮"🔍"，在预览状态选择 75%的比例查看文档。

实验5　表格制作和生成图表

一、实验目的

（1）掌握创建表格的方法，掌握表格的编辑以及格式化。

（2）掌握表格排序和统计计算，掌握由表格生成图表的方法。

（3）掌握 VBA 的简单应用。

二、实验内容

（1）建立如表 5-5-1、表 5-5-2 所示的表格，并以"Word4.doc"为文件名保存在 D 盘或指定的文件夹中。

表 5-5-1　资产费用表

自开始建设至本年年底	累计完成投资	
	累计新增固定资产	
建筑工程		安装工程		其他费用	

表 5-5-2　课程表

星　期 课程 时间	星期一	星期二	星期三	星期四	星期五
上午	1、2节	解剖学	外科学	大学英语	急诊医学	大学英语
	3、4节	内科学	体育	政	计算机	生物化学
午						
下午	5、6节	人体实验	心理辅导	自习	自习	生化实验
	7、8节	自习	自习	自习	自习	自习
上	9、10节					

（2）建立如表 5-5-3 所示的表格，并完成表格的编辑、格式化和公式计算的基本操作，然后保存到文件 Word4.doc 中。

【提示】　选择"插入"功能区"表格"分组中"表格"按钮。表格的列标题"课程、姓名"是通过在两行中分别输入各自内容后再进行右、左对齐来实现的。

表 5-5-3　学生成绩表

课程 姓名	诊断学	病理生物学	急诊医学
刘莉莉	98	81	85
王丹丹	68	79	67
符建伟	87	68	65
李成平	82	80	76
张志诚	76	90	98

① 在"诊断学"和"病理生物学"之间插入一列，课程名为"大学英语"，各学生成绩依次为 90、86、85、76、87。删除学生"李成平"所在行。

② 按每个学生的急诊医学成绩从高到低排序，然后将整个表格居中。

【提示】　将整个表格居中，首先将插入点放在表格中，选择表格工具"布局"功能区"数据"分组"排序"按钮。

③ 将表格第 1 行的行高设置为 1.2cm、行距为最小值，该行文字为宋体、加粗、五号字。其余各行的行高设置为 0.7cm、行距为最小值。表格内容（除表头外）垂直、水平对齐方式均为居中。

【提示】　表格内容对齐方式的设置可通过单击鼠标右键，从快捷菜单中选择"单元格对齐方式"命令来实现。

④ 将表格的外框线设置为 3 磅的粗线，内框线设置为 1 磅，将部分线条设置为双线。完成后的样张如表 5-5-4 所示。

⑤ 在表格下面插入当前日期，格式为加粗、倾斜。

⑥ 根据表格中前 3 位同学的各科成绩，在表格的下面生成直方图，如图 5-5-1 所示。

【提示】　选中表标题和 3 个学生的姓名和各科课程成绩，然后选择"插入"功能区"插图"分组中的"图表"按钮，出现"数据表"窗口和建立的图表。

⑦ 在表格的最后增加一行，行标题为"各科平均"，并计算各科的平均分、保留 2 位小数。在"急诊医学"的右边插入一列，列标题为"总分"，并计算每个学生的总分。

【提示】　选择表格工具"布局"功能区的 *f* 公式 按钮，分别选择 AVERAGE 和 SUM 粘贴函数。

⑧ 完成后的表格样张如表 5-5-4 所示。

表 5-5-4　学生成绩表

课程 姓名	诊断学	大学英语	病理生物学	急诊医学	总分
张志诚	76	87	90	98	351
刘莉莉	98	90	81	85	354
王丹丹	68	86	79	67	300
符建伟	87	85	68	65	305
各科平均	82.25	87.00	79.50	78.75	

2014 年 1 月 13 日

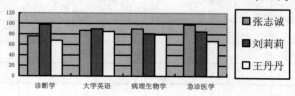

图 5-5-1　生成图表样张

（3）建立如表 5-5-5 所示的表格，学习 VBA 的简单应用。完成操作后保存到文件 Word4.doc 中。

【提示】

表格中"应聘岗位"中的"教学""科研""管理""服务"各项，是插入的 ActiveX 控件复选框。制作过程是，在"开发工具"面板中，单击"控件"｜"旧式工具"按钮，选择 ActiveX 控件的复选框，在文档中将出现一个复选框控件 □ CheckBox1，单击"属性"按钮，打开复选框控件的"属性"窗口，将其"Caption"属性修改为"教学"，"SpecialEffect"属性修改为"0"。

表 5-5-5　个人简历表

姓名		性别		年龄		
地址	通信地址：					
	邮政编码			电子邮件		
	电话			传真		
应聘岗位	□教学　　　　□科研　　　　□管理　　　　□服务					
所受教育程度	时间			学校		
掌握外语种类以及计算机使用程度	□英语　　□日语　　□俄语　　□法语　　□其他					
	□计算机的一般操作　□具有编程能力　□熟悉 Oracal 数据库　□熟悉网页制作					

实验6 邮件合并和宏

一、实验目的

（1）掌握邮件合并操作。

（2）掌握宏的创建、录制和使用。

二、实验样张

邮件合并样张如图 5-6-1 所示。

录取通知书

　　__吕布__　同学：

　　　　你已被录取到我校　__药学系__　系　__中医药学__　专业。请你于 2014 年 9 月 1 日，带好本通知书及有关材料到我校报到注册。报到地点教学接主楼。

招生办

2014 年 7 月 25 日

录取通知书

　　__张飞__　同学：

　　　　你已被录取到我校　__生物系__　系　__分子生物学__　专业。请你于 2014 年 9 月 1 日，带好本通知书及有关材料到我校报到注册。报到地点教学接主楼。

招生办

2014 年 7 月 25 日

录取通知书

　　__董卓__　同学：

　　　　你已被录取到我校　__临床系__　系　__临床医学__　专业。请你于 2040 年 9 月 1 日，带好本通知书及有关材料到我校报到注册。报到地点教学接主楼。

招生办

2014 年 7 月 25 日

录取通知书

　　__貂蝉__　同学：

　　　　你已被录取到我校　__护理系__　系　__涉外护理__　专业。请你于 2014 年 9 月 1 日，带好本通知书及有关材料到我校报到注册。报到地点教学接主楼。

招生办

2014 年 7 月 25 日

图 5-6-1　邮件合并样张

三、实验内容

1．邮件合并

（1）建立主文档。建立如图 5-6-2 所示的主文档，输入会议通知的内容，在通知内容后插入"通信"类的剪贴画作为水印。将该文档以"Word5.doc"为文件名保存在 D 盘或指定的文件夹中。

录取通知书

_____ 同学：

你已被录取到我校_____ 系 _____专业。请你于 2014 年 9 月 1 日，带好本通知书及有关材料到我校报到注册。报到地点教学接主楼。

招生办

2014 年 7 月 25 日

图 5-6-2　主文档

（2）创建数据源。新建文档，输入如表 5-6-1 所示的新生信息表为数据源，并以"Word51.doc"为文件名保存在当前文件夹中，然后关闭该文件。

表 5-6-1　新生信息表

编　号	姓　名	性　别	系	专　业
10030	貂蝉	女	护理系	涉外护理
10031	张飞	男	生物系	分子生物学
10032	董卓	男	临床系	临床医学
10033	吕布	男	药学系	中医药学

（3）邮件合并操作步骤。在主文档 Word5.doc 中，选择"邮件"功能区"开始邮件合并"按钮，选择"邮件合并分步向导"命令，在打开的"邮件合并"窗格中，完成如下步骤：①文档类型选择"信函"；②选择"使用当前文档"；③选择"浏览"命令，找到需要合并的表格文件，此时选择 Word51.doc 文档作为数据源；④选择"撰写信函"；⑤单击"其他选项"；如图 5-6-3 所示，在弹出的对话框中，分别在图 5-6-4 所示的相应位置插入字段"姓名""系""专业"；⑥点击预览，完成邮件合并。

图 5-6-3　"邮件合并帮助器"对话框

录取通知书

《姓　名》 同学：

你已被录取到我校 《系》 系 《专　业》 专业。请你于 2014 年 9 月 1 日，带好本通知书及有关材料到我校报到注册。报到地点教学接主楼。

招生办

2014 年 7 月 25 日

图 5-6-4　插入合并域的结果

2. 宏的使用

在文档输入时经常需要一幅图，且其大小也要求固定。为了提高插入图形文件的速度，可建立一个打开固定图形文件的宏，并将插入的图形缩小到原来的30%。建立的宏名为"图形"，以按钮的形式放在"常用"工具栏上，按钮图标和文字内容可自己确定。单击 3 次该按钮，插入 3 幅相同的图形，如图 5-6-5 所示。

图 5-6-5　宏的样张

【提示】

① 选择"视图"功能区"宏"按钮，单击"录制宏"命令，在"宏名"文本框中输入宏名"图形"，单击"工具"按钮，在选项卡中，将"图形"宏名移动到右方"常用"工具栏。

② 指向"常用"工具栏对应的宏按钮，在"命名"文本框可更改按钮上显示的文字，单击鼠标右键，选择快捷菜单中的"更改按钮图标"命令可选择按钮的图标。

③ 录制宏。根据要求录制宏，按该宏的操作步骤进行录制。录制结束，单击"宏"按钮下拉三角按钮，选择"停止录制"按钮。

PART 6

第 6 章
Excel 2010 电子表格实验

实验 1　Excel 2010 工作表的建立

一、实验目的

（1）熟练掌握 Excel 2010 的启动和退出。

（2）熟悉 Excel 2010 的窗口组成。

（3）掌握工作表中数据的输入与编辑。

（4）掌握工作表的插入、复制、移动、删除和重命名。

（5）掌握自动填充数据。

（6）掌握页面设置。

二、实验内容及步骤

（1）启动 Excel，输入如图 6-1-1 所示内容。

操作步骤如下。

① 选择 "程序" → "Microsoft office" → "Excel 2010"，如图 6-1-2 所示。

② 打开 Excel 主界面，如图 6-1-3 所示。

这时系统会自动创建一个名为 "工作簿 1" 的新工作簿文件。

③ 确认是否在工作表 sheet1 内，若是则在 B2:F7 区域内输入所给表格的内容，如图 6-1-4 所示。

④ 在 A3 单元格输入学号，注意用 "'" 开头，再输入学号 01401，输入完成后移动鼠标到 A3 单元格填充柄处，如图 6-1-5 所示。拖动填充柄到 A7 单元格。

（2）将新建的工作簿文件取名为 "excel 练习一"，保存到 D 盘根目录下。

	A	B	C	D	E
1					
2	学号	姓名	性别	录取分数	电话号码
3	01401	张莹	女	560.5	5634056
4	01402	李立	男	550.0	6533033
5	01403	王利利	女	600	6755503
6	01404	何老六	男	570.5	7066693
7	01405	周仪	男	580.0	5666660

图 6-1-1　实验 1 样表

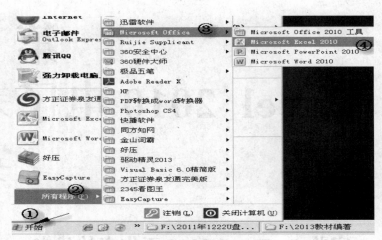

图 6-1-2 启动 Excel

图 6-1-3 Excel 主界面

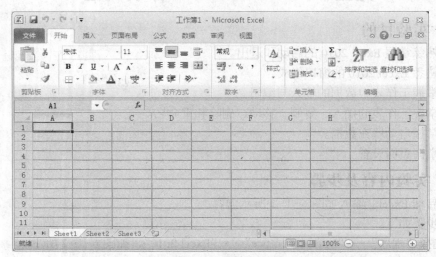

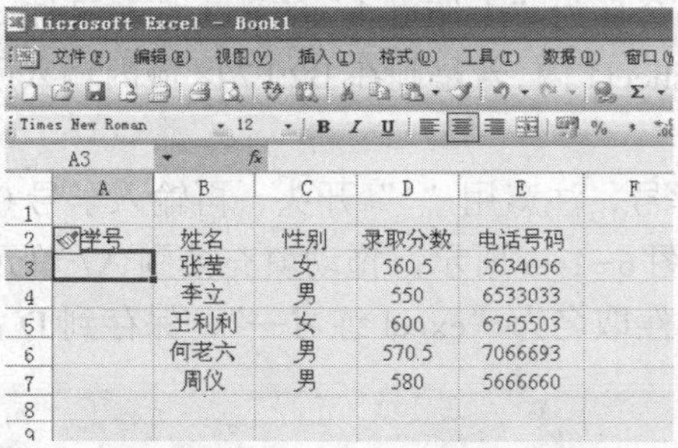

图 6-1-4 输入文本内容

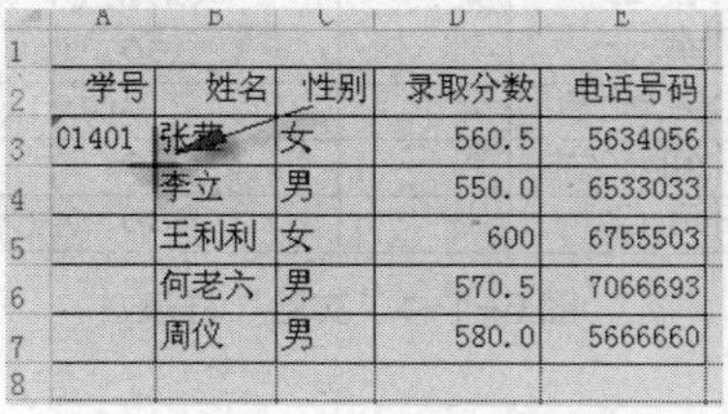

图 6-1-5 输入学号并填充

操作步骤如下。

选择"文件"菜单的"保存"命令，打开如图 6-1-6 所示"另存为"对话框，选择保存位置为 E 盘后，在文件名（N）处输入"excel 练习一"，单击"保存"按钮。

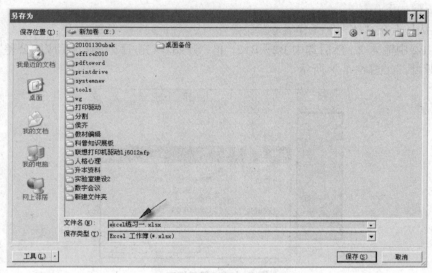

图 6-1-6　另存为对话框

（3）将工作表 sheet1 重命名为"学生名册"。

操作步骤如下。

双击标签 sheet1 或右击 sheet1 选择"重命名"，然后输入"学生名册"，如图 6-1-7 所示。

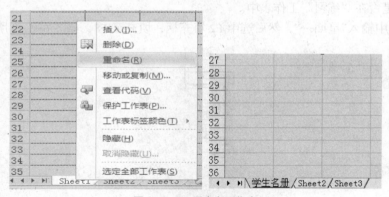

图 6-1-7　重命名工作表

（4）复制工作表"学生名册"到工作表 sheet3 的前面，并重命名为"成绩"，再删除工作表 sheet2 和 sheet3。

操作步骤如下。

① 按住 Ctrl 键不动，把"学生名册"这张表拖到 sheet3 之前即可，并重命名为"成绩"。

② 分别在 sheet2 和 sheet3 工作表标签上右击，选择"删除"，菜单与图 6-1-7 相同。

（5）在"成绩"工作表后面插入一张新的工作表，并命名为"练习"。

操作步骤如下。

① 在"成绩"标签上单击右键，然后插入。注意到了吗？这张表插在"成绩"前面，然

后把它移到"成绩"表的后面，取名为"练习"。

② 把经过编辑的工作簿文件再保存一次。

（6）在"练习"工作表中区域 B2:B12 内写入等差数列 2、5、8、11…

操作步骤如下。

① 确认是否在"练习"工作表中。

② 在 B2 中输入 2，然后选中 B2～B12，再"开始/填充/序列/输入相应的公差"，按"确定"按钮即可，如图 6-1-8 所示。

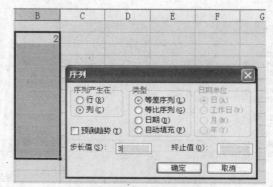

图 6-1-8　等差填充

（7）在"练习"工作表中，使用序列填充的方法，在区域 F2:F8 内填入星期一、星期二、……、星期日。

操作步骤如下。

① 确认是否在"练习"工作表中。

② 在 F2 中输入"星期一"，然后选中 F2 填充柄，填充至 F8，如图 6-1-9 所示。

图 6-1-9　序列填充

（8）先自定义序列：临床专业、护理专业、药学专业、检验专业，然后在 H2：H5 内填入该序列。

操作步骤如下。

① 确认是否在"练习"工作表中。

② 开始→选项→高级→编辑自定义序列→/添加，输入各专业名称，每输入一个就回车，输完后确定，如图 6-1-10 所示。

③ 选择 H2 单元格，输入临床专业，然后就可以填充你自己定义的序列了。

图 6-1-10 自定义序列填充

（9）选定工作表"学生名册"，把"李立"所在的行和"何老六"所在的行交换。

操作步骤如下。

① 选定"李立"所在的行，单击右键，剪切。

② 选定"何老六"所在的行，在选中处单击右键，再选择"插入已剪切的单元格"即可。

（10）对"学生名册"进行页面设置。要求页面方向为横向，纸张大小为 A4，距离上下页边距为 3cm，左右页边距为 2cm，距离页眉页脚 1.5cm，水平居中。设置打印时页眉为"练习题 1"，页脚为"第 1 页，共? 页"，打印区域为"A3：I14"，第 3 行为顶端标题行，打印顺序为先行后列。最后通过打印预览查看设置效果。

操作步骤如下。

① 选取"学生名册"，单击"页面布局"→"页面设置"，打开"页面设置"对话框。在"页面"选项卡中设置页面方向为横向，纸张大小为 A4。

② 在"页边距"选项卡中设置页边距和居中方式。

③ 在"页眉页脚"选项卡中输入页眉，并在页脚的下拉列表中选择"第 1 页，共? 页"。

④ 在"工作表"选项卡中设置打印区域、打印标题和打印顺序,如图 6-1-11 所示。

⑤ 保存并关闭工作簿文件"excel 练习一"。

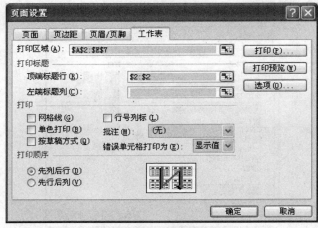

图 6-1-11　页面设置

实验 2　工作表的编辑和格式化

一、实验目的

（1）熟练掌握工作表的编辑修改。
（2）掌握单元格的格式设置。
（3）掌握行高和列宽的设置。
（4）掌握条件格式的设置。
（5）掌握自动套用格式的设置。

二、实验样张

实验 2 是建立在实验 1 基础上的，请打开实验 1 的文件"excel 练习一.xlsx"，计算机中没有此文件请重新输入，如图 6-2-1 所示。

图 6-2-1　实验 2 样表

三、实验内容及步骤

（1）打开保存的 excel 练习一.xlsx 文件，在当前文件夹中另存为 excel 练习二.xlsx。

（2）合并居中 A1：E1，输入标题"2014 级新生录检表"。设置表格标题格式为：水平对齐：居中；垂直对齐：居中；字体：方正姚体；字形：加粗；字号：20；颜色：深蓝。

操作步骤如下。

① 在 A1 单元格中输入"2014 级新生录检表"，再选中 A1：F1。

② 在选中块上单击右键，选中"设置单元格格式…"，如图 6-2-2 所示，在"对齐"选项卡中设置水平对齐方式为居中；垂直对齐方式也为居中。

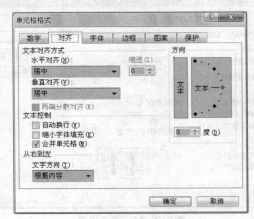

图 6-2-2　单元格格式

③ 字体的格式设置在"字体"选项卡中设置，如图 6-2-3 所示。

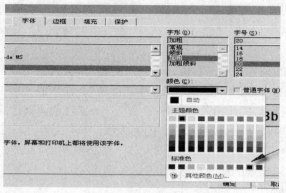

图 6-2-3　字体设置

这些也可通过"格式"工具栏上的"字体"框 宋体 ▼ 、"字号"框 12 ▼ 、"加粗"按钮 **B**、"倾斜"按钮 *I*、"下划线"按钮 U 、"字体颜色"按钮 **A** ▼ 来设置字体、字号、字形和字符颜色。其设置方法与 Word 中相同。

实验结果如图 6-2-4 所示。

	2014 级 新 生 录 检 表					
	A	B	C	D	E	F	G
1		2014 级 新 生 录 检 表					
2		学号	姓名	性别	录取分数	电话号码	
3		01401	张莹	女	560.5	5634056	
4		01402	李立	男	550.0	6533033	
5		01403	王利利	女	600	6755503	
6		01404	何老六	男	570.5	7066693	
7		01405	周仪	男	580.0	5666660	
8							

图 6-2-4　格式设置实验结果

（3）设置录取分数为一位小数格式。

操作步骤如下。

① 选定 E 列。

② 选择"开始"→字体右边" 🔲 "命令，打开"单元格格式"对话框，在此"数字"选项选择"数值"，更改小数位为"1"，如图 6-2-5 所示。

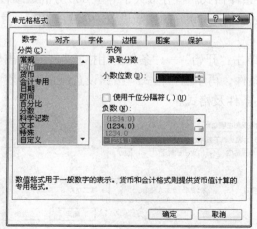

图 6-2-5　设置数据的显示格式

③ 确定。

（4）将表格各列列宽设置为 10，标题行行高设置为 20，其余各行行高设置为最适合的行高。

操作步骤如下。

① 选取要设置列的列号，单击右键，选择"列宽"，输入值 10。

② 选取要标题行的行号，单击右键，选择"行高"，输入值 20

③ 选择其余各行行号，"开始"→"格式 格式"→"自动调整行高"或双击行的网格线。

（5）给表格加边框线，外围线是双线，内为虚线。

操作步骤如下。

① 选择需要添加边框线的单元格区域。

② 打开"单元格格式"对话框。

③ 在"边框"选项卡中，设置表格的边框线，如图 6-2-6 所示。

④ 先选择线条的样式虚线，再选择内部。

⑤ 选择线条的样式双线，再选择外边框。

⑥ 外边框各边框线设置完毕后，单击"确定"按钮结束操作。

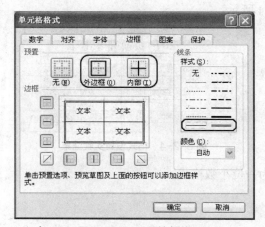

图 6-2-6　设置边框线

（6）为录取分数添加条件格式。将分数大于等于 600 分的成绩设置为颜色：红色，字形：加粗，下划线：双下划线；小于 580 分的成绩设置为颜色：橙色，字形：倾斜。

操作步骤如下。

选中 E2：E7 区域，单击"开始"→"条件套用格式"→"突出显示单元格规则"→"其他规划"，设置条件 1 的条件，再单击"格式"按钮设置颜色；接着单击"确定"按钮，如图 6-2-7 所示设置条件 1 的条件及格式。

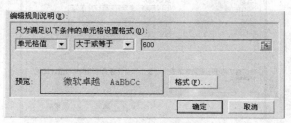

图 6-2-7　条件格式的设置

（7）复制当前工作表到 sheet3，对 sheet3 中的表格自动套用格式。

操作步骤如下。

① 复制后，选中 sheet3 中 A2：F7，单击"开始"→"条件套用格式"，选中"中等深浅样式 2"，如图 6-2-8 所示。

图 6-2-8　自动套用格式图

② 保存文件并退出 Excel 2010。

实验3　Excel 2010 中公式和函数的使用

一、实验目的

（1）掌握公式的基本语法规则。

（2）掌握如何编辑公式。

（3）掌握常用函数的使用。

（4）掌握函数的嵌套。

二、实验样张

打开 Excel 2010，输入图 6-3-1 所示实验 3 样表（分数可 0~100 随机输入）。

	A	B	C	D	E	F	G	H	I	J	K
1	学号	姓名	性别	物理	语文	英语	总分	平均分	加权分	名次	奖学金
2	1404001	刘香	女	90	66	87					
3	1404002	王国强	男	67	68	56					
4	1404003	何强	男	67	77	87					
5	1404004	胡叙妨	女	88	87	79					
6	1404005	王敢	男	89	61	79					
7	1404006	张大川	男	76	76	76					
8	1404007	陈春昌	女	88	67	67					
9	1404008	黄大勇	男	86	45	77					
10											

图 6-3-1　实验 3 样表

三、实验内容及步骤

（1）输入完样表后，保存文件为"Excel 练习三"，计算每位同学的总分。

操作步骤如下。

① 先选择 G2 为当前单元格。

② 单击工具栏中"自动求和"，如图 6-3- 2 所示。

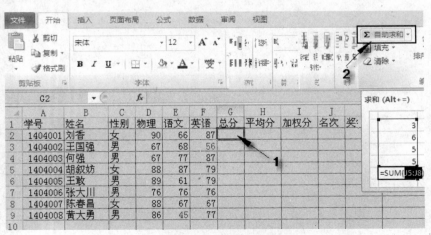

图 6-3-2　自动求和

③ 求出第一个同学的成绩后，选择其单元格填充柄，填充至 G9，如图 6-3-3 所示。

	A	B	C	D	E	F	G	H
1	学号	姓名	性别	物理	语文	英语	总分	平均分
2	1404001	刘香	女	90	66	87	243	
3	1404002	王国强	男	67	68	56		
4	1404003	何强	男	67	77	87		
5	1404004	胡叙妨	女	88	87	79		
6	1404005	王敢	男	89	61	79		
7	1404006	张大川	男	76	76	76		
8	1404007	陈春昌	女	88	67	67		
9	1404008	黄大勇	男	86	45	77		
10								

图 6-3-3　填充自动求和公式

（2）利用函数计算每位同学的平均分。

操作步骤如下。

① 选择存放刘香平均分的 H2 单元格为活动单元格。

② 选择"公式"→"插入函数"命令，打开"插入函数"对话框。

③ 选择函数类别为"常用函数"，在"选择函数"列表框选择求平均值函数"AVERAGE"，对话框下半部分将显示该函数的格式和功能说明，如图 6-3-4 所示。

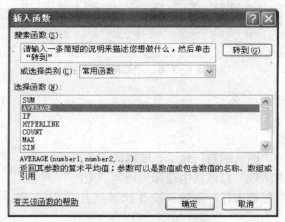

图 6-3-4　"插入函数"对话框

④ 选择"确定"按钮，屏幕上又出现输入参数对话框。

⑤ 把"Number1"框的参数改为 D2:F2，或先单击"Number1"框右边的"压缩对话框"按钮，折叠对话框后在工作表中选择需要计算的单元格区域 D2：F2，选定区域的地址将自动填写到"Number1"框内。再单击该"压缩对话框"按钮展开对话框。设置的结果如图 6-3-5 所示。

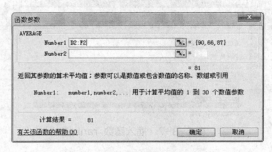

图 6-3-5　输入函数的参数

⑥ 选择"确定"按钮，H2 单元格显示计算结果 81，数据编辑栏的编辑框显示出计算公式"= AVERAGE(D2:F2)"。

⑦ 复制公式，用鼠标向下拖动 F2 单元格的填充柄，直到选中区域 F2:H7 为止。松开鼠标左键后，即可计算出所有学生的平均成绩。

（3）利用下面的的公式求加权分，公式为：加权分=物理*1.15+语文*0.75+英语*1.1 。

操作步骤如下。

① 双击 I2 单元格，变为编辑状态。

② 输入公式"=D2*1.15+E2*0.75+F2*1.1" ，如图 6-3-6 所示。

③ 确定。

④ 填充公式至 I9。

	I2		f_x	=D2*1.15+E2*0.75+F2*1.1						
	A	B	C	D	E	F	G	H	I	J
1	学号	姓名	性别	物理	语文	英语	总分	平均分	加权分	名次
2	1404001	刘香	女	90	66	87	243	81	249	
3	1404002	王国强	男	67	68	56	191	64		
4	1404003	何强	男	67	77	87	231	77		
5	1404004	胡叙妨	女	88	87	79	254	85		
6	1404005	王敢	男	89	61	79	229	76		
7	1404006	张大川	男	76	76	76	228	76		
8	1404007	陈春昌	女	88	67	67	222	74		
9	1404008	黄大勇	男	86	45	77	208	69		
10										

图 6-3-6　公式求加权分

（4）请按总分求学生的名次。

操作步骤如下。

① 选择 J2 单元格。

② 选择"公式"→"插入函数"命令，或选择"f_x"。

③ 在打开的"插入函数"对话框中选择类别为"全部"。

④ 在"选择函数"栏单击任一函数，按 3 次键盘上的"R"键，找到"rank"函数，如图 6-3-7 所示。

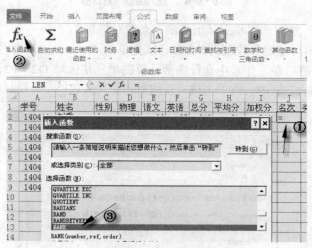

图 6-3-7　插入函数 rank 图

⑤ 输入或选择函数参数。注意 Ref 是指数列范围，此处要用到混合引用，如图 6-3-8 所示。

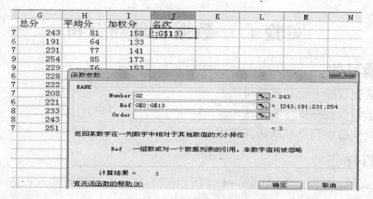

图 6-3-8　函数参数输入

⑥ 向下填充公式，保存工作簿文件。

（5）用 if 函数将前 3 名学生的"奖学金"填充为"2000"，其他为"0"。

操作步骤如下。

① 在 K1 单元格输入"奖学金"，选择 K2 单元格。

② 插入函数。

③ 在打开的"插入函数"对话框中选择类别为"全部"，在"选择函数"栏单击任一函数，找到"if"函数。

④ 输入第一个参数"J2<=3"，即名次在前三名；输入第二参数"2000"，如图 6-3-9 所示。

⑤ 确定后，向下填充公式，保存工作簿文件。

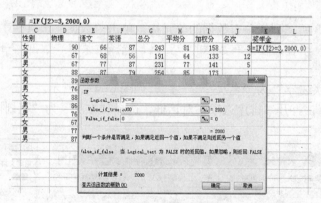

图 6-3-9　if 函数参数输入

实验结果如图 6-3-10 所示。

理	语文	英语	总分	平均分	加权分	名次	奖学金
90	66	87	243	81	158	2	2000
67	68	56	191	64	133	8	0
67	77	87	231	77	141	3	2000
88	87	79	254	85	173	1	2000
89	61	79	229	76	153	4	0
76	76	76	228	76	150	5	0
88	67	67	222	74	156	6	0
86	45	77	208	69	136	7	0

图 6-3-10　奖学金填充实验结果

实验 4　　数据管理与分析

一、实验目的

（1）熟练掌握数据下拉列表的设置。

（2）掌握工作表数据排序的方法。

（3）掌握数据自动筛选和高级筛选的方法。

二、实验样张

打开"Excel 练习三.xlsx"，如图 6-4-1 所示(没有文件的可重新输入表格)。

	A	B	C	D	E	F	G	H	I	J	K
1	学号	姓名	性别	物理	语文	英语	总分	平均分	加权分	名次	奖学金
2	1404001	刘香	女	90	66	87	243	81	249	2	2000
3	1404002	王国强	男	67	68	56	191	64	190	8	0
4	1404003	何强	男	67	77	87	231	77	231	3	2000
5	1404004	胡叙妨	女	88	87	79	254	85	253	1	2000
6	1404005	王敢	男	89	61	79	229	76	235	4	0
7	1404006	张大川	男	76	76	76	228	76	228	5	0
8	1404007	陈春昌	女	88	67	67	222	74	225	6	0
9	1404008	黄大勇	男	86	45	77	208	69	217	7	0
10											

图 6-4-1　实验 4 样表

三、实验内容及步骤

（1）另存为"Excel 练习四.xlsx"，按名次排序，以递增的方式排，观测所发生的变化；然后再按姓名的笔画排（笔画的次序是由少到多），观测所发生的变化。

操作步骤如下。

①选择"名次"所在列任一有数据的单元格，单击"数据"工具栏 ↓。

②选择"姓名"所在列任一有数据的单元格，选择主菜单"数据"→"排序"，打开"排序"对话框。

③选择"主要关键字"为"名次""升序"，如图 6-4-2 所示。

④选择"选项"，打开"排序选项"对话框，选择"方法"为"笔划排序"，如图 6-4-3 所示。

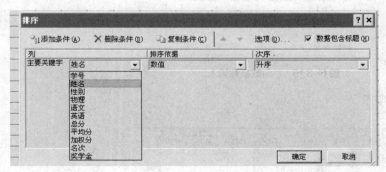

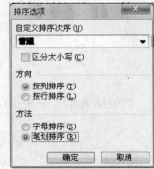

图 6-4-2　排序对话框　　　　　　　　　　　　图 6-4-3　排序选项对话框

（2）筛选出平均分在 75～85 的学生。

操作步骤如下。

① 先选中数据表任一有数据的单元格，然后选择"数据→筛选"。

② 再在平均分一栏 ▼ 中选择"数字筛选"，打开"自定义筛选"对话框。

③ 定义出条件，如图 6-4-4 所示。

（3）清除所做的自动筛选。

操作步骤如下。

单击"数据"→"筛选"，去掉自动筛选的选取符号。

（4）分类汇总：统计男生人数、女生人数和总人数。

操作步骤如下。

① 选中数据单元格，先按"性别"排序。

② 选择"数据→分类汇总"，打开"分类汇总"对话框，如图 6-4-5 所示。

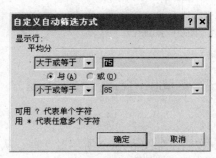

图 6-4-4 "自定义自动筛选方式"对话框

图 6-4-5 "分类汇总"对话框

③ 选择分类字段：性别；汇总方式：计数；选定汇总项：性别。

④ 确定，实验结果如图 6-4-6 所示。

		A	B	C	D	E	F	G	H	I	J	K
	1	学号	姓名	性别	物理	语文	英语	总分	平均分	加权分	名次	奖学金
	2	1104004	胡叙妨	女	88	87	79	254	85	173	1	2000
	3	1104001	刘香	女	90	66	87	243	81	158	2	2000
	4	1104007	陈春昌	女	88	67	67	222	74	156	6	0
	5		女 计数	3								
	6	1104003	何强	男	67	77	87	231	77	141	3	2000
	7	1104005	王敢	男	89	61	79	229	76	153	4	0
	8	1104006	张大川	男	76	76	76	228	76	150	5	0
	9	1104008	黄大勇	男	86	45	77	208	69	136	7	0
	10	1104002	王国强	男	67	68	56	191	64	133	8	0
	11		男 计数	5								
	12		总计数	8								

图 6-4-6 汇总实验结果

实验5　　数据图表化

一、实验目的

（1）熟练掌握嵌入图表和独立图表的创建。

（2）掌握图表的整体编辑和对图表中各对象的编辑。

（3）掌握图表的格式化。

二、实验样张

输入图 6-5-1 表格，保存为 "Excel 练习五.xlsx"：

	A	B	C	D	E	F	G	H
1	神龙公司上半年实际销售额与预测额如下							
2		1月	2月	3月	4月	5月	6月	
3	实际	54	88	58	67	65	70	
4	预测	48	70	68	70	60	65	
5								
6								

图 6-5-1　图表样张图

三、实验内容及步骤

（1）基于该公司的数据表格建立图表（选择区域时不含表格之外的标题）。

操作步骤如下。

① 选择用于创建图表的数据区域 A2：G4。

② 单击"插入"工具栏中的"柱形图"按钮，如图 6-5-2 所示对话框，从"图表类型"列表中选择一项，如选择"二维柱形图"。

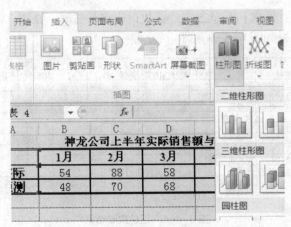

图 6-5-2　"图表向导__图表类型"对话框

结果如图 6-5-3 所示。

单击图表，系统自动打开如图 6-5-4 所示的"图表工具"。

在其上选择"设计"中的"布局 3"，修改标题，如图 6-5-5 所示。

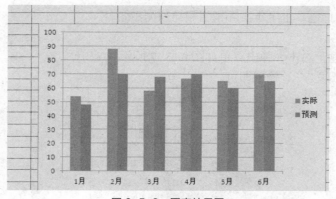

图 6-5-3　图表结果图

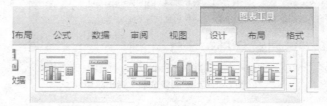

图 6-5-4　图表工具

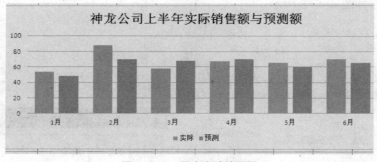

图 6-5-5　图表实验结果图

（2）编辑图表：x 轴、y 轴和图例的字体分别设置为 10 磅、20 磅和 15 磅如图 6-5-6 所示。操作步骤如下。

① 在 x 轴数值上单击右键，在弹出菜单中选择"字体"，在对话框中更改字体为 10。

② 在 y 轴数值上单击右键，在弹出菜单中选择"字体"，在对话框中更改字体为 20。

③ 在图例单击右键，在弹出菜单中选择"字体"，在对话框中更改字体为 15。

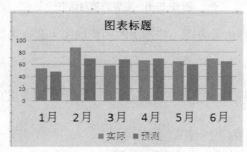

图 6-5-6　字体编辑效果

（3）输入图表标题"上半年实际销售额与预测额图表"。

操作步骤如下。

① 在图表标题上右击，弹出菜单如图6-5-7所示。

② 选择"编辑文字"，输入即可。

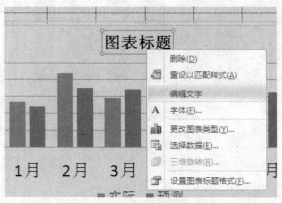

图6-5-7 "图表选项"弹出菜单

③ 图表标题的修饰选项可通过"图表工具"→"布局"→"图表标题"→"其他标题选项"进行修改，如图6-5-8所示。

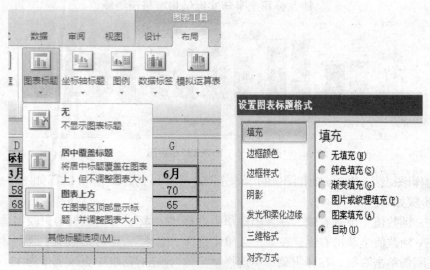

图6-5-8 图表选项对话框

（4）将实际额图表类型由直方图（柱形）改为折线图（选择第四个子图），而预测额的图表类型不变。

操作步骤如下。

① 在图表"实际额图"柱形图上右击，选择"更改系列图表类型"，弹出菜单如图6-5-7所示。

② 选择"图表类型"的"折线图"。

③ 在子图表类型中选择"点折线图"，如图6-5-9所示。

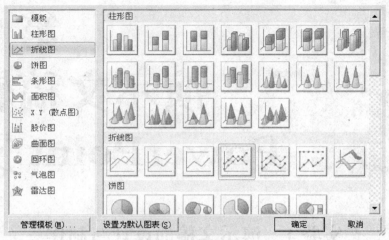

图 6-5-9　图表类型对话框

④ 结果如图 6-5-10 所示。

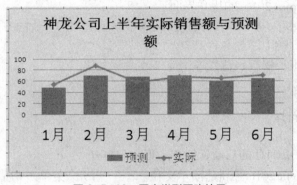

图 6-5-10　图表类型更改结果

PART 7

第 7 章
演示文稿软件
PowerPoint 实验

实验 1 演示文稿的设计与制作

一、实验目的

（1）熟悉 PowerPoint 2010 的用户界面。

（2）学会创建、保存、打开演示文稿及插入不同版式的幻灯片的方法。

（3）学会向演示文稿中添加各种对象。

（4）学会利用母版、模板、背景等快速修改演示文稿。

二、实验内容

创建"个人简历.pptx"演示文稿。

操作步骤如下。

1. PowerPoint 2010 的启动、保存、退出与打开

（1）启动 PowerPoint 2010 并新建演示文稿。单击"开始"菜单→"所有程序"→"Microsoft Office"→"Microsoft PowerPoint 2010"选项，启动 Microsoft PowerPoint 2010，并自动生成文件名为"演示文稿 1"的空演示文稿，如图 7-1-1 所示，界面各部分详细说明请参见配套教程。

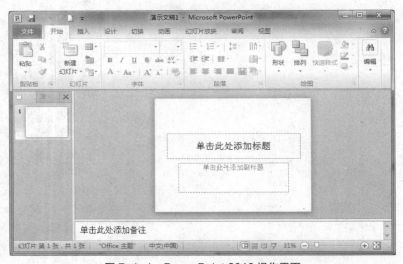

图 7-1-1 PowerPoint 2010 操作界面

（2）保存。选择"文件"选项卡下的"保存"选项或"快速访问工具栏"上的"保存"按钮，弹出"另存为"对话框，如图7-1-2所示。

图7-1-2 "另存为"对话框

系统默认的保存位置是"文档"文件夹，可以把文件保存在这个目录下，也可以在磁盘上创建一个自己的文件夹。选择好保存位置，在"文件名"输入框中输入"我的简历.pptx"，单击"保存"按钮。

（3）退出。当完成了演示文稿的编辑以后，需要存盘退出。选择"文件"选项卡→"退出"选项，或单击 PowerPoint 2010 窗口标题栏右侧的"关闭"按钮可退出 PowerPoint 2010。

如果在退出之前没有保存演示文稿，则在执行"退出"命令之后，PowerPoint 2010 会出现警告对话框，提示应保存文档。

（4）打开。启动 PowerPoint 2010，选择 "文件"选项卡下的"打开"选项，弹出"打开"对话框，如图7-1-3所示，选择需打开的演示文稿"我的简历.pptx"，继续编辑。

图7-1-3 "打开"对话框

2．插入不同版式的幻灯片

（1）选择第一张幻灯片。在标题占位符处输入标题文本"我的简历"，将该文字格式化为黑体、48号、黑色、加粗、文字阴影。在副标题占位符处输入"—慕容朵朵"或自己的姓名，将该文字格式化为华文行楷，40号。

（2）在上一张幻灯片后右击，选择"新建幻灯片"，选择"标题和内容"版式，在标题占位符中输入：目录。文本处输入如图7-1-4所示的内容。

（3）新建幻灯片，选择"标题和内容"版式。添加标题内容为"个人基本信息"，单击内容框中的表格占位符，插入一个5行6列的表格，为表格应用一种样式。利用"表格工具"的"布局"中调整表格尺寸到合适大小，向其中输入如图7-1-5所示的内容并修改内容格式。

<table>
<tr><td colspan="2">**目录**</td><td colspan="3" rowspan="1"></td></tr>
</table>

目录

- 基本信息
- 主修课程
- 各课程成绩
- 获奖及证书
- 特长与爱好
- 联系方式

图 7-1-4　第 2 张幻灯片

图 7-1-5　第 3 张幻灯片

（4）新建幻灯片，选择"标题和内容"版式。按照图7-1-6输入标题和内容，并修改格式。单击右框中"插入SmartArt图形"占位符，选择"关系"组下的"分组列表"，样式选择"金属场景"，更改颜色为"彩色填充-强调文字颜色6"，然后向图形中输入如图7-1-6所示的内容。

（5）新建幻灯片，选择"两栏内容"版式。添加主标题内容为"各课程组平均成绩"，单击左栏中表格占位符，插入一个3行2列的表格，表格样式套用"浅色样式3-强调6"，输入如图7-1-7所示的内容。单击右栏中图表占位符，插入一个"簇状柱形图"，在打开的Excel环境中将已有数据用左栏表中内容替换，适当调整数据区域。将生成的图表中的图例位置调整到图表下方。

图 7-1-6　第 4 张幻灯片

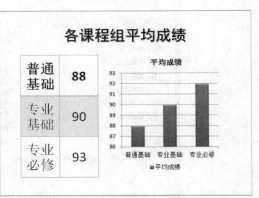

图 7-1-7　第 5 张幻灯片

（6）新建幻灯片，选择"标题和内容"版式。添加标题内容为"在校期间表现"，单击内容框中的 SmartArt 占位符，选择"循环"中的"连续循环"，样式选择"三维嵌入式"，更改颜色为"彩色填充-强调文字颜色6"，输入如图 7-1-8 所示的内容。

（7）新建幻灯片，选择"仅标题"版式或"标题和内容"版式。标题文本内容为"个人爱好"，向其中插入一些代表自己爱好项目的图片或动画，并分别用5次"艺术字"添加相应文字，再插入一个音频文件，效果如图 7-1-9 所示。

（8）最后新建空白版式的幻灯片，插入一种形状（如心形），修改形状的样式、轮廓等，并输入内容。再插入文本框，输入住址、电话、电子邮箱等联系方式及相应符号，符号可利用"插入"选项卡下的"符号"中的"wingdings"插入其中的相应符号，具体如图 7-1-10 所示。

图 7-1-8　第6张幻灯片　　　　　图 7-1-9　第7张幻灯片　　　　　图 7-1-10　第8张幻灯片

3．编辑幻灯片

（1）新增节。光标在第6张幻灯片前，执行命令"新增节"，将整个文稿分为两节。节名称分别为"基本信息"和"特殊信息"。

（2）复制幻灯片。将第5张幻灯片复制到其后，修改其中标题为"各课程成绩"，将表格中的内容修改为每门课程名称和成绩，同时修改图表内容。

4．应用主题配色方案

为所有的幻灯片应用一种主题（注意色彩搭配），例如"跋涉"，则模板中的背景、字体及颜色等都应用于所有幻灯片。选定最后一张幻灯片，设置"背景样式"为一个图像文件。

5．修改母版

分别选定每种版式的幻灯片，进入"幻灯片母版"，修改每种版式母版中标题及线条的位置，各级文字的格式（包括字号、颜色、字体、项目符号等），在右上角插入"形状"→"星与旗帜"→"五角星"，插入页眉页脚等。此处页脚中分别插入了日期、幻灯片编号、"自立、自信、自强"等内容。幻灯片浏览视图整体效果，如图 7-1-11 所示。

三、问题解答

（1）发布幻灯片的作用是什么？

解答：发布幻灯片是将其保存到幻灯片库中以备其他文稿使用。系统默认的幻灯片库保存在"C:\Documents and Settings\Administrator\Application Data\Microsoft\PowerPoint\我的幻灯片库"文件夹中。

（2）如何精确设置主题中的颜色？

解答：利用"颜色"下拉列表中的"新建主题颜色"，可对某主题中各个对象的颜色进行修改。

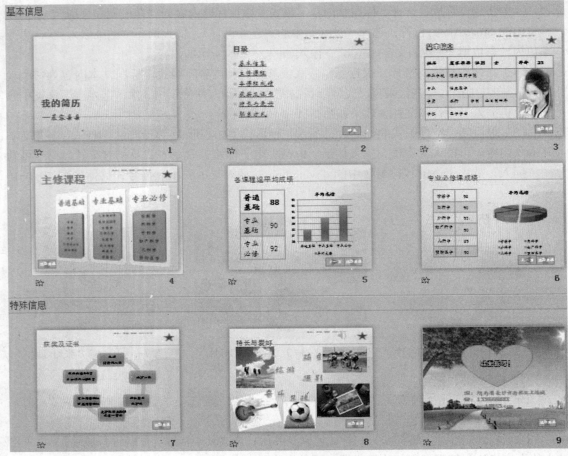

图 7-1-11　幻灯片浏览视图

（3）"节"的功能是什么？

解答：使用"节"可以组织幻灯片，就像使用文件夹组织文件一样，可以使用"节"将幻灯片按不同内容或目的分为多组，并且对"节"的操作也非常方便实用。

四、思考题

（1）幻灯片中什么位置的文本不出现在大纲视图中？
（2）如何调用自定义的模板新建演示文稿？
（3）如何利用大纲窗格插入新幻灯片？

实验 2　演示文稿的动画与放映设置

一、实验目的

（1）学会利用动画方案和高级动画，设置对象进入、强调、退出等方面的动画。

（2）了解各种声音文件的插入与播放设置。

（3）初步掌握超级链接的应用。

（4）熟悉设置幻灯片切换的效果，放映和控制幻灯片的方法。

二、实验内容

打开上一个实验所创建的演示文稿。

1．为各张幻灯片的对象添加动画效果

（1）为第一张幻灯片标题添加动画为"强调"中的"加粗闪烁"，"持续时间"设置为03.00s，在"动画窗格"中将"开始动作"选择为"从上一项开始"。副标题添加动画为"进入"中的"淡出"，并设置动画开始于"上一动画之后"。

（2）对于第八张幻灯片，首先为插入的音频文件设置动画效果，具体设置如图 7-2-1 所示。

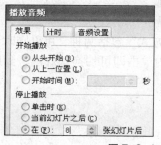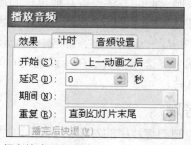

图 7-2-1　音频文件动画设置

（3）为第九张幻灯片中的"心形"形状添加"强调"动画中的"彩色脉冲"，选择一种颜色；为文本框对象添加"强调"动画中的"画笔颜色"，选择画笔颜色，"序列"中选"按段落"，开始于"上一动画之后"。

2．应用超链接

（1）选定第二张幻灯片中的每一行文字，分别应用"超链接"链接到后面相应的幻灯片上。

（2）在最后一张幻灯片中插入一个返回首页的动作按钮，并链接到第一页。依自己的爱好适当修改该按钮的大小、位置、颜色等。

3．设置幻灯片切换效果

先在"切换"选项卡中选择"揭开"换片方式，并"全部应用"。再选定第一张幻灯片，选择"闪光"换片方式，选择一种合适的切换速度。选定最后一张幻灯片，选择"切换"的切换方式。

4．放映设置与排练计时

（1）如果每个应聘者的陈述时间有限，就要为演示文稿设置排练计时。根据每张幻灯片内容的多少和讲解所用时间来决定总体放映时间。

（2）根据自己的需要，自定义幻灯片放映。

（3）执行"幻灯片放映"菜单下的"设置放映方式"，从中选择"观众自行浏览"，换片方式选择"如果存在排练计时，则使用它"。

（4）执行"幻灯片放映"菜单下的"观看放映"，不足之处再回到幻灯片视图中修改。

（5）录制幻灯片演示。

放映时可用"荧光笔"、"墨迹颜色"等。

5．保存并打包文件

（1）将该文件另存为 PDF 格式的文件。

（2）执行"文件"菜单下的"保存并发送"，用"将演示文稿打包成 CD"命令，嵌入字体，将文稿打包到文件夹中。

（3）再将文件另存为放映文件。

三、问题解答

（1）如何制作星光闪闪的效果？

解答：使用 PowerPoint 可以制作出满天星光不停闪烁的效果，首先在幻灯片中绘制多个星形，然后同时选中不相邻的若干星形，添加"强调"命令中的"闪烁"命令，在"自定义动画"任务窗格中选择"计时"命令，在"闪烁"对话框的"计时"选项卡中设置动画播放的时间控制，按照上面的方法设置其他星形的动画。

（2）在幻灯片切换时可以设置两种换片方式吗？

解答：在"幻灯片切换"任务窗格中，"换片方式"包括两种，可以同时设置两种换片方式，同时选中两个复选框，表示在所设置的时间内单击即可切换幻灯片，到所设置的时间后将自动切换幻灯片。

四、思考题

（1）如何控制幻灯片中的对象播放动画的先后顺序？

（2）如何设定在单击其他对象时开始播放声音？

（3）没有安装 PowerPoint 时怎样观看幻灯片？

PART 8

第 8 章
数据库 Access 2010
实验

实验 1　Access 中表和数据库的操作

一、实验目的

（1）学会 Access 数据库和表的创建。

（2）熟悉表的基本操作。

二、实验内容

1．创建数据库及表

创建一个名为"学生.accdb"的数据库，在其中建立表"基本信息"，其结构如表 8-1-1 所示，内容如表 8-1-2 所示，主键为"学号"。

表 8-1-1　"基本信息"表字段类型

字段名称	字段类型	字段宽度
学号	文本	6 个字符
姓名	文本	4 个字符
性别	文本	1 个字符
出生日期	日期/时间	
入校成绩	数字（单精度，小数位 1）	
党员	是/否	
身份证	文本	
联系电话	文本	

表 8-1-2　"基本信息"表记录

学号	姓名	性别	出生日期	入校成绩	党员	身份证	联系电话
100001	杨春辉	男	1996－12－28	320	no	430101199612280112	13366666666
100002	李强	男	1997－1－21	398	yes	450101199701210056	18033333333
200001	李英雄	女	1996－10－15	353	yes	440101199610150520	13055555555

学号	姓名	性别	出生日期	入校成绩	党员	身份证	联系电话
200002	张三丰	男	1996-4-18	361	yes	420101199601480033	13144444444
300001	刘三立	男	1997-2-3	342	no	410101199701030666	15166666666
300002	王小红	女	1997-7-23	336	no	390101199707236666	18977777777

具体步骤如下。

（1）启动 Access 2010，新建数据库"学生.accdb"。

（2）选择"创建"选项卡，单击"表格"组中的"表设计"按钮，进入表的"设计视图"。

（3）在"字段名称"栏中输入字段的名称；在"数据类型"选择该字段的数据类型。

（4）选择要设为主键（能唯一标识一条记录的字段）的字段，在"设计"选项卡的"工具"组中，单击 按钮，即可将其设为主键。

（5）在图的下半部分"常规"选项卡中可以定义字段的字段大小、格式、小数位数、掩码、标题、默认值、有效规则、必需、索引等参数，如图 8-1-1 所示。

图 8-1-1　Teacher 表设计

（6）在表名"表 1"标签上右击，选"保存"，然后再右击，选"关闭"，再在"导航窗格"中把表名改为"基本信息"，如图 8-1-2 和图 8-1-3 所示。

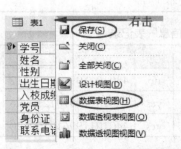

图 8-1-2　表保存、关闭及视图切换　　　图 8-1-3　表名重命名为"基本信息"

2．记录的输入

双击"基本信息"表，打开"基本信息"表，若已打开，切换到"数据表视图"，输入表 8-1-2 中的所有记录，如图 8-1-4 所示。

基本信息							
学号 ▾	姓名 ▾	性别 ▾	出生日期 ▾	入校成绩 ▾	党员 ▾	身份证 ▾	联系电话
100001	杨春辉	男	1996/12/28	320	☐	430101199612280112	13366666666
100002	李强	男	1997/1/21	398	☑	450101199701210056	18033333333
200001	李英雄	女	1996/10/15	353	☑	440101199610150520	13055555555
200002	张三丰	男	1996/4/18	361	☑	420101199601480033	13144444444
300001	刘三立	男	1997/2/3	342	☐	410101199701030666	15166666666
300002	王小红	女	1997/7/23	336	☐	390101199707236666	18977777777

图 8-1-4　输入记录后的"基本信息"表的"数据表视图"

3．表的复制

将"基本信息"表复制为"学生成绩"表和"基本信息副本"表，具体操作可以在"基本信息"表上右击，再按图 8-1-3 所示进行操作。

4．修改表"学生成绩"的结构

切换到"学生成绩"表的"设计视图"(切换方法参见图 8-1-2 和图 8-1-3)，完成如下操作。

① 将"姓名"的字段大小由 4 改为 6。

② 保留"学号""姓名""入校成绩"字段，删除其他字段。

③ 增加"英语""化学""高等数学""计算机应用"字段，字段类型设置与字段"入校成绩"相同。

④ 添加一个新的字段"职称"，数据类型选"文本型"，字段大小为 4，并为表中各个记录输入合适的职称信息。

⑤ 将"高等数学"字段移到"英语"字段之前。

5．表的剪切与删除

在"基本信息副本"表上右击，再按图 8-1-3 所示进行操作。

6．导出为 txt 文件

导出表"基本信息"中的数据，以文本文件的形式保存，文件名为"基本信息.txt"。

在"基本信息"表上右击，再按图 8-1-3 所示进行操作。或在"外部数据"选项卡中的"导出"组中进行选择操作。

7．将 txt 文件导入 Access 工作表

观察文件"基本信息.txt"的数据结构，用"记事本"程序建立 New1.txt，在其中输入下面两条学生信息，然后通过导入的方法将数据导入到表"基本信息"中。

400001　丁晓　　女　　1997/11/16　　320　　no　　3701011997111633333　　13366669898
400002　黄杰　　男　　1998/10/19　　338　　no　　431202199810199999　　13699997777

8．导出为 xls 文件

导出表"基本信息"中的数据，以 Excel 数据薄的形式保存，文件名为"基本信息.xls"。

9．将 xls 文件导入 Access 工作表

观察文件"基本信息.xls"的数据结构，在 Excel 中建立 New2.xls，在其中输入下面两条教师信息，然后通过导入的方法将数据导入到表"基本信息"中。

500001　成文采　女　　1996/11/16　　319　　no　　370101199611163333　　13366667788
500002　易成功　男　　1997/10/19　　328　　yes　　431202199710199999　　13699995556

三、问题解答

（1）用数据表视图打开刚刚建好的表时，系统是以默认的表的布局显示索引的行和列的，有可能限制了显示效果，一些数据不能完全显示出来，如何来调整行高和列宽呢？

解答：

① 第一种方法是用鼠标拖动，将光标放在数据表左侧（上端）任意两行或列的空隙间，当光标变为十字形状时，拖动鼠标至合适的行高或列宽释放鼠标即可。

② 第二种方法是精确设定。选定需要调整的行或列，单击鼠标右键，从快捷菜单中选择"行高"或"列宽"在打开的对话框中输入精确的数值来进行调整。

（2）在数据库表中，有时为了突出两列数据的比较，或者在打印数据表时临时不需要某些列的内容，如何把它们隐藏起来，需要时再恢复显示呢？

解答：

① 隐藏列。打开表，选中要隐藏的列，单击鼠标右键，从快捷菜单中选择"隐藏列"选项则可把整列隐藏。

② 显示被隐藏的列。当需要把隐藏列重新显示时，单击鼠标右键，从快捷菜单中选择"取消隐藏列"，在对话框列出的字段名前的方框中打上"☑"的，表示这个字段的那一列正在显示，如果没有打"☑"的，则说明该列已被隐藏。

（3）如何利用"实施参照完整性"创建表关系？

解答：在建立表之间的关系时，窗口上有一个复选框"实施参照完整性"，选中它之后，"级联更新相关字段"和"级联删除相关字段"两个复选框就可以用了。

如果选定"级联更新相关字段"复选框，则当更新父行（一对一、一对多关系中"左"表中的相关行）时，Access 就会自动更新子行（一对一、一对多关系中的"右"表中的相关行）；选定"级联删除相关字段"后，当删除父行时，子行也会跟着被删除。而且当选择"实施参照完整性"后，在原来折线的两端会出现符号"1"或"OO"，在一对一关系中符号"1"在折线靠近两个表端都会出现，而当一对多关系时符号"OO"则会出现在关系中的右表对应折线的一端上。

四、思考题

（1）如何将数据库中的表导出为文本文件？

（2）如何将表的字段冻结和隐藏？

（3）如何将两个字段设置为主键，并保存？

（4）是不是每一张表都必须有且只有一个主键，它可以是多个字段的组合吗？

实验 2　Access 中各对象的操作

一、实验目的

（1）学会创建简单查询。

（2）学会创建窗体，熟悉窗体数据的操作。

（3）学会创建报表。

二、实验内容

1．使用"简单查询向导"创建查询

（1）打开"学生.accdb"数据库，单击"创建"选项卡→"查询"组→"查询向导"按钮，打开"新建查询"对话框如图 8-2-1 所示，在对话框中选择"简单查询向导"→单击"确定"按钮，打开"简单查询向导"对话框。

（2）在"简单查询向导"对话框中选择"表/查询"下的文本框选择表"基本信息"，并将"可用字段"列表框中的所需查询的字段添加到"选定字段"列表中，如选择"学号""姓名""联系电话"三个字段，如图 8-2-2 所示。

（3）单击"下一步"按钮，在弹出的对话框中输入查询的标题为"基本信息 查询"，如图 8-2-3 所示。

（4）单击"完成"按钮，创建了一个查询，名为"基本信息 查询"，如图 8-2-4 所示。

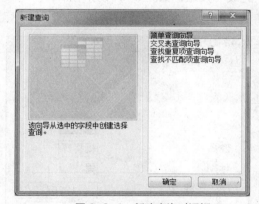

图 8-2-1　新建查询对话框

图 8-2-2　简单查询向导之选定字段

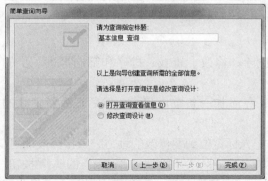

图 8-2-3　简单查询向导之为查询命名

图 8-2-4　创建完成

2．创建窗体

（1）打开"学生.accdb"数据库以及所需的表，单击功能区"创建"选项卡→"窗体"组→"窗体向导"。

（2）弹出"窗体向导"对话框，在"可用字段"列表框中选择所需字段，即可将该字段添加至"选定字段"类表框中，单击"下一步"按钮，如图8-2-5所示。

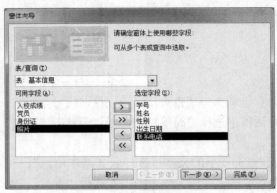

图 8-2-5　窗体向导之选定字段

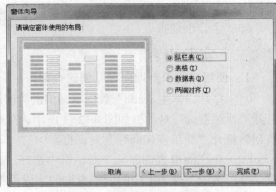

图 8-2-6　窗体向导之为创建的窗体布局

（3）弹出"请确定窗体使用的布局"对话框，选中需要布局，这里选择"纵栏表"，如图8-2-6所示 。

（4）在弹出的对话框中输入窗体名称，单击"完成"按钮，如图8-2-7所示。

（5）返回操作界面即可看到创建的纵栏式窗体，如图8-2-8所示 。

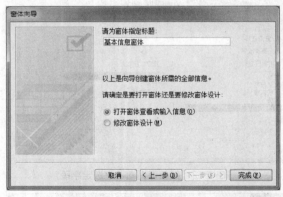

图 8-2-7　窗体向导之为创建的窗体命名

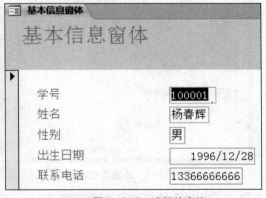

图 8-2-8　建好的窗体

3．窗体中数据的操作

创建窗体后，对窗体中的数据进行添加、删除、修改、查找、排序和筛选等进一步的操作。

（1）数据的添加。单击窗体底部的 按钮，先添加一条空白记录，然后输入新记录的数据。

（2）数据的修改。单击要修改的记录字段，把光标定位到要修改的地方，直接修改即可。

（3）数据的删除。选定要删除的记录，然后单击功能区"开始"→"记录"的 删除 按钮。如果该记录与其他表或查询相关联，由于要保持表的完整性，Access 会弹出提示不可修改的对话框。

（4）数据的查找。单击功能区"开始"→"查找"单击按钮，弹出"查找和替换"对话框，在对话框里设定查找内容、查找范围等，如图 8-2-9 所示。单击"查找下一个"按钮查找到想要得到的记录。

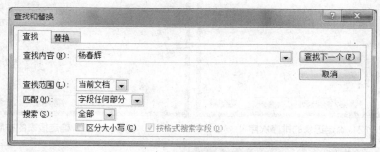

图 8-2-9 "查找和替换"对话框

（5）数据的排序。根据分数对"Students"表窗体中的数据按"升序"的顺序进行排列。

（6）数据的筛选。单击功能区"开始"→"排序和筛选"的"筛选器"按钮，将"Students"表对应窗体中"性别=女"的数据记录筛选出来。

4．使用向导创建报表

（1）打开要创建报表的数据库"学生.accdb"，单击功能区"创建"选项卡→"报表"组→"报表向导"，打开"报表向导"对话框，在"表/查询"中列出了当前数据库中包含的表和查询。

（2）选择要使用的表"基本信息"，然后选择要添加到报表中的字段，如图 8-2-10 所示。

（3）单击"下一步"按钮，选择是否为报表数据进行分组，如图 8-2-11 所示。

图 8-2-10 确定报表上使用的字段

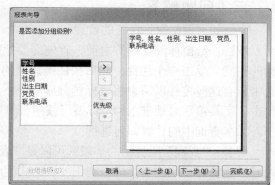

图 8-2-11 分组级别设置

（4）单击"下一步"按钮，进入如图 8-2-12 所示界面，选择报表中的数据以哪个字段进行排序，然后单击"下一步"按钮。

（5）进入图 8-2-13 所示界面，选择报表的布局方式，然后单击"下一步"按钮。

（6）进入设置报表标题界面，还可以进行报表外观修改和内容修改，如图 8-2-14 所示。

（7）单击"完成"按钮，完成报表创建，如图 8-2-15 所示。

图 8-2-12　确定记录的排序次序

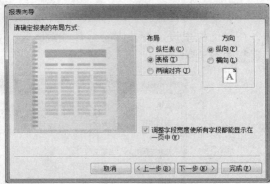

图 8-2-13　确定报表的布局方式

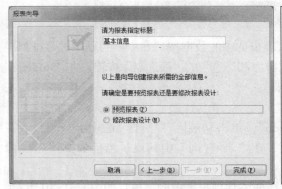

图 8-2-14　为报表指定标题

图 8-2-15　完成后的报表打印预览效果

三、问题解答

（1）如何调整窗体标签的位置和大小？

解答：给窗体添加标签之前，首先需要把窗体中所有控件都向下移，为标签空出一个适当的空间。单击一个控件，然后按住键盘上的"Shift"键，并且继续用鼠标单击其他控件，选中所有这些控件以后，将鼠标稍微挪动一下，等鼠标的光标变成一个张开的手的形状时，单击"工具箱"对话框上的"标签"按钮，然后把窗体中所有控件都向下移。

（2）查询中的计算如何进行？

解答："查询"所显示的字段既可以是"表"或"查询"中已有的字段，也可以是这些字段经过运算后得到的新字段。利用"表达式生成器"编辑查询表达式，建立字段表达式。

四、思考题

（1）使用"查询向导"建立查询的主要优点是什么？

（2）使用"查询设计"建立查询的主要优点是什么？

（3）如何创建报表快照？

（4）如何使用"设计视图"来创建窗体？